IBM Rational软件工程推荐读物
国内第一本介绍IBM Jazz软件交付平台的著作

奏响软件交付的爵士乐
——Jazz平台实践者之路

IBM Rational中国

宁德军 朱育雄 孙昕 著

清华大学出版社

北 京

内 容 简 介

　　本书针对当今软件工程业的历史和现状，详尽地分析了软件交付所面临的问题与挑战，总结了由此催生的软件工程若干发展趋势，并且第一次提出了软件交付 2.0 的理念，概括出软件交付 2.0 的主要特征和能力，也引出了软件交付 2.0 时代最为杰出的代表——IBM Jazz 平台。本书通过深入浅出的技术讲解，揭开了 IBM Jazz 平台的神秘面纱。同时，本书也第一次从实践角度对业界最著名的敏捷开发方法论 Scrum 进行了深刻剖析，通过 Jazz 平台架构上的 Rational Team Concert 工具，让读者真实地在敏捷世界中体验驾驭项目的乐趣。作者把软件工程领域多年的经验和理解、敏捷开发的方法和思想及工具实践紧密结合在一起，让读者一起奏响软件交付的华美乐章，亲身体验软件交付过程中的精髓和乐趣。

　　本书适合从事软件开发管理工作的开发团队负责人、项目经理、具体从事软件开发工作的系统分析员、开发人员、配置经理、构建经理等阅读。本书还适合所有热爱 Jazz 技术的人和想要了解软件工程领域最新技术发展动态的软件开发工作者阅读。

图书在版编目（CIP）数据

奏响软件交付的爵士乐：Jazz 平台实践者之路 / 宁德军，朱育雄，孙昕著. —北京：清华大学出版社，2009.8
　ISBN 978-7-302-20719-1

　Ⅰ. 奏…　Ⅱ. ①宁…②朱…③孙…　Ⅲ. 软件工具 – 程序设计　Ⅳ. TP311.56

中国版本图书馆 CIP 数据核字（2009）第 127732 号

责任编辑：冯志强
责任校对：徐俊伟
责任印制：杨　艳

出版发行：清华大学出版社		地　　址：北京清华大学学研大厦 A 座	
http://www.tup.com.cn		邮　　编：100084	
社　总　机：010-62770175		邮　　购：010-62786544	
投稿与读者服务：010-62776969，c-service@tup.tsinghua.edu.cn			
质　量　反　馈：010-62772015，zhiliang@tup.tsinghua.edu.cn			

印　刷　者：清华大学印刷厂
装　订　者：北京市密云县京文制本装订厂
经　　销：全国新华书店
开　　本：185×230　印　张：18.25　字　数：221 千字
版　　次：2009 年 8 月第 1 版　　印　　次：2009 年 8 月第 1 次印刷
印　　数：1～4000
定　　价：45.00 元

序言一

1733 年，John Kay 发明的"飞梭技术"帮助纺织工业创建了现代化的纺织生产线，最终引起英国大规模的社会变革和工业革命的到来。1913 年，福特汽车公司的第一条流水生产线开创了汽车工业纪元，此创举使福特 T 型车产量达到 1500 万辆，缔造了时至今日尚未打破的世界纪录。1959 年，第一台工业机器人在美国诞生，推进了各个工业全自动化生产线的出现，在文明的历史长河中将人类的生产力推进到空前的高度……生产线这个词汇浓缩了人类太多的发明与创造、束缚与变革、荣誉与骄傲，每个跨时代生产线都注入了人类的心智与前行的梦想，推动着文明的脚步倍道而进。

如同第一个飞梭纺织机、第一个机器人的出现，2008 年以来，当 IBM 向全球宣布新一代软件交付生产线技术 Jazz 以及一大批基于 Jazz 的产品被陆续推出之时，一个划时代的软件生产线已经形成。当其他业界同仁正在尝试通过各种集成和二次开发技术将分散的工具堆砌拼凑成一个成本高昂、维护复杂的半自动化软件生产线之时，以 IBM 为代表的 Jazz 社区却实现了几代软件大师从未实现的梦想——真正软件工程化生产线的框架被缔造出来。面对着 Jazz，我们不仅陷入沉思，它以及它所带来的变革对软件行业甚至其他产业的影响是什么？是空前的生产力？是更扁平智能的虚拟开发团队？这些也是 Rational 大中国区专家们创作本书的一个动力。

从软件工程这 40 年的风风雨雨，也从亲身经历她真正走入中国这 10 多年的历程，我们看到整个行业逐步成熟起来，由早期依赖于个人之力进行作坊式的开发、逐步发展到后来的小团队、大型团队甚至全球分布式团队的协作开发。然而，发展孕育着挑战，挑战需要变革。我们也在思考着软件交付的昨天、今天和未来，思考着软件工程面临的挑战和发展的趋势，思考着 Jazz 带来的变革。这些都是我们软件行业同仁们在不断思考和探索的，也是推动我们不断创新的思想之源。

坐而论道，则徒托空言；井曰亲操，则亲身体验。这也是我们创作的另外一个动力。软件工程行业已经进入百花齐放的时代，传统开发、迭代开发、敏捷开发各个流派百家争鸣。敏捷已经成为主流趋势之一，在这里我们也想通过一种方式找到实现敏捷的最佳表达，让人们能够真正体会 Jazz 技术下的工具是如何实现团队协作，如何将敏捷思想体现得淋漓尽致。Scrum 则是最好的一个实践思想，一个 Scrum 团队如何使用新一代软件交付生产线去奏响软件生产的乐章呢？理论和实践的结合无疑给新一代软件生产线最好的展现机会。

最后，通过这个机会我们希望能够和大家一起来体会 Jazz 带来的创新；面对变革的时代，也希望大家和 Rational 一起创造梦想与未来，让中国软件开发行业迈着坚实的步伐更上一层楼。

IBM软件部Rational大中国区总经理　夏然

2009年6月

序言二

在过去的二十年，我们看到许多产品的价值正在从硬件向软件加速转移。例如，一些现代化的汽车，一些敏锐的人称其为"移动的服务器"，里面竟然包含了近两打的 CPU 和三四百万行的软件代码。从 1960 年到 1985 年，许多系统内部的硬件和软件比例从 9∶1 逐步演变为 2∶8，软件在人们的日常生活、企业的业务发展和整个社会中，都正起着越来越重要的作用。然而，软件交付的效率却无法跟上人们对软件价值、质量和上市时间的需求。许多年前，当汽车的手工生产效率无法满足人们对质量、利润和上市速度的需求时，正是这一驱动力催生了福特生产线的发明。正像福特发明生产线标志了大规模生产时代的开始，基于 Jazz 的 Rational 软件交付平台的推出则标志了软件生产线式的规模化生产时代的到来，它使充满智慧的专业软件人员能够在统一的生产线上密切协作，不断创新。此外，基于 Jazz 的软件交付平台还为中国软件快速发展、赶超世界，成为国际领先软件大国带来难得的机会。

软件交付过程的本质就是作为软件交付主体的人（团队），通过项目管理、需求分析、分析设计、开发、测试、配置管理、变更及缺陷管理、构建发布管理等活动，实现软件从早期的需求、到中期的架构设计或原型、再到可运行的发布版本的不断演进。在整个软件产品周而复始的演进过程中，会产生很多的版本，它们代表了软件产品生命旅程中某个站点的一个快照，所有这些快照的集合记录了软件产品从构思、到成长、到成熟的整个生命周期的发展历程。这期间，作为软件生产过程中的主体人（团队）起到了重要作用，是这个主体始终呵护着软件产品，完成其从童年、少年、青年到成年的成长历程，为其遮风挡雨，处理各种突发事件。正像书中所说，Jazz 平台的推出预示着软件交付 2.0 时代的到来，它更加关注作为软件交付主体人和团队的需要，通过为软件开发团队提供基于上下文的协作平台、全生命周期的自动化和透明报告的能力，使整个软件交付生产过程变得更加高效、高质和面向业务结果。

中国目前的软件从业人员约有 200 万，快速提升软件从业人员的素质对整个行业的发展和产业振兴意义重大。在本书中，作者通过对软件工程化生产的最新思想和趋势分析，对如何基于 Jazz 平台实现软件交付生产过程自动化的详细阐述和对软件交付最佳实践的分享，能够有效提升软件从业人员软件工程化生产的思想水平和实战技能；同时作者通过对基于 Jazz 平台，完成敏捷开发项目中的项目规划、项目执行、项目监控和项目收尾过程的详细描述，帮助敏捷开发团队快速建立敏捷项目管理的能力。

因此，这本书的最大贡献就在于它不但为每一位关注 Jazz 平台的人提供了一个从零开始快速学习的教程，而且还为读者详细说明了如何使用 RTC，实现敏捷开发中的需求管理、配置管理、变更及发布管理的自动化、实现基于上下文的团队协作和实时报告，帮助敏捷开发团队轻松愉快地完成整个项目生命周期的管理工作。

　　这是第一本介绍基于 Jazz 的 Rational 软件交付平台核心组件 RTC 的中文书籍，它生逢其时，正赶上中国软件向软件外包和服务转型的重要关头。作为开启软件交付 2.0 时代的金钥匙，它将带领我们走进精彩纷呈、不断创新的世界。

IBM中国开发中心Rational总经理　严成文

前　言

2008 年，中国的软件应用外包收入占全球应用程序外包市场的 3.5%，而同期印度却占 50%左右。这对于每一个中国软件行业的从业者来说，无疑是一个让我们饱受鞭策的现实。在过去的近 10 年中，我和我的团队一直有一个小小的心愿，就是通过我们对软件工程最佳实践的传播和对业界领先的软件工程工具的推广，能够踏踏实实地为中国的软件行业做点事，推动中国软件产业的发展。

2008 年对于 IBM Rational 团队是非常特别的一年。这一年，我们迎来了 IBM Jazz 平台的正式发布，迎来了 Rational 第一个基于 Jazz 的团队协作平台 Rational Team Concert。它顺应软件交付发展的趋势，有效解决当前软件企业所面临的团队协作、流程及工具竖井的挑战。通过基于 Web 的组件架构、全生命周期核心数据存储库和智能的开发过程感知能力，它帮助整个软件交付团队实现基于上下文的团队协作、生产过程的自动化和实时报告能力，使软件开发人员能够真正地关注软件生产本身，按时、保质、保量地交付出满足关系人需求的软件产品。

IBM 最新创新成果 Jazz 平台的出现具有划时代的意义，软件交付领域以此为标志，从此进入了 2.0 时代。它的到来，再一次将中国软件企业的软件交付能力的建设，推到了和美国、印度企业同一起跑线上。这对于广大的中国软件企业无疑是个难得的发展机会。如何能够洞察先机、抓住机遇，实现中国软件行业的腾飞，是摆在每个软件从业者面前必须要思考的一个问题。

作为企业软件团队的管理者，如何从容应对软件交付过程所面临的各种挑战，如何顺应趋势、洞察先机，快速建立面向未来的软件交付 2.0 平台，快速打造企业软件交付的核心竞争力呢？

作为软件项目的项目经理，如何参透软件开发项目项目管理的本质，快速打造敏捷的项目管理能力，轻松应对软件项目善变的需求和范围、动态的计划的挑战呢？

作为软件开发团队的一员，如何有效规避软件交付平台的复杂度，尽情释放软件开发的智慧，最大限度地将软件开发过程的遵从、项目管理、需求管理、变更和缺陷管理、配置管理及构建发布管理等软件开发过程管理工作交给工具自动化完成呢？如何通过各种 2.0 时代的工具，实现团队的无缝协作，尽享团队协作的力量呢？

本书将帮助您一一解答以上问题，向您展现软件工程领域最新的软件生命周期管理方法、工具和最佳实践，为您提供软件职业生涯的全新体验。

在本书的写作过程中，我们一直努力为读者提供以下内容：

（1）分享业界最新的软件工程思想（第 1 章）。

仔细分析了当今世界软件交付过程面临的挑战，分享由此催生的软件工程发展最新趋势。顺应行业发展趋势，第一次提出了软件交付 2.0 的概念，描述了软件交付 2.0 的主要特征和能力。

（2）探讨业界领先的软件交付 2.0 协作交付平台（第 2 章）。

基于软件交付 2.0 的思想，全面细致地向读者阐述了 Jazz 平台的整体架构、主要功能模块及它作为软件交付 2.0 协作平台的核心特质。全面展现了 IBM Rational 基于 Jazz 的产品发展策略。

（3）结合实际案例，全面分享敏捷开发项目生命周期管理的最佳实践，提供详尽的软件交付 2.0 工具使用讲解（第 3～9 章）。

本书部分内容把作者在软件工程领域多年的经验、对软件工程的理解和 IBM Rational 敏捷软件开发的最新研究成果贯穿始终，将理论和实践有机的结合在一起。结合案例，详细说明了软件开发团队如何基于 Rational Team Concert，快速搭建软件交付协作平台，实现软件开发团队的实时协作、软件生产过程的自动化和透明的报告能力；实现敏捷开发项目的项目规划、项目执行、项目监控和项目收尾全生命周期的管理；实现敏捷开发项目的需求管理、配置管理、变更管理、缺陷管理和构建管理等功能，把整个软件交付过程变得更加快乐有趣。

谨以此书献给我们的家人和同事们！是他们在本书写作和出版过程中，给予我们大力帮助和无私支持。由于平时工作比较忙，很难安排比较专注的时间进行写作，因此我们常常周末和晚上加班撰写书稿，在我们日日夜夜奋笔疾书的背后，是每位作者的妻子们忙碌的身影和默默的支持，是儿女们令人感动的懂事和父母的鼓励。感谢我的同事朱宏、于希莹，她们为本书的编写做了很多重要的工作。

IBM Rational中国区高级技术经理　宁德军

2009年6月

目　录

第 1 章　软件交付的今天

　　"2000 年左右我们进入了一个新的纪元——全球化 3.0。全球化 3.0 使得这个世界进一步缩小到微型，同时平坦化了我们的竞争场地。如果说全球化 1.0 版本的主要动力是国家，全球化 2.0 的主要动力是公司，那么全球化 3.0 的独特动力就是个人在全球范围内的合作与竞争，而这赋予了它与众不同的新特征。"

——托马斯·弗里德曼

相信很多朋友都看过托马斯写的"世界是平的"这本书。它向我们描述了全球化发展趋势对企业发展和竞争环境的影响,对团队协作模式的影响以及对每个人日常生活方式的影响。环顾与审视"平的世界"这个市场、资源和竞争的大网,全球化的企业开始调整其在全球范围内的业务发展策略,优化业务流程,整合资源配置,从而更加关注在全球化"战役"中的胜利,而不仅仅是一城一池的得失。与此同时,全球化趋势也对企业的业务灵活性提出了更高的要求,要求企业要有更快的市场反应速度、更灵活的业务模式和全球化的资源整合能力。

平坦的世界强迫我们不得不去思考,全球化企业、全球化业务、全球化市场和全球化竞争到底对 IT 世界提出了什么样的挑战?这些挑战又给软件工程领域带来哪些变化?而适应这些变化,未来的软件工程领域会有哪些发展趋势?"善弈者谋一局之胜,不善弈者求数子之得",只有掌握了软件工程的本质和领域的发展趋势,企业才能顺应潮流,洞悉先机,打造软件交付的核心竞争力,在全球化的竞争中保持不败之地。

2008 年 Rational 软件开发高峰论坛上,IBM 软件集团 Rational 总经理 Daniel Sabbah 博士向我们描述了当今创新的世界:"去年世界生产出了很多的晶片,这些晶片上面的晶体管的数量比同年生产出的大米粒还要多。同时,每一个晶体管的生产成本是小于一粒大米的。现在互联网群体已经超过 10 亿,而在互联网上的信息也以万亿计。超级计算能力现在为越来越多的人掌握。在 2010 年以前,超级计算机将可以进行每秒 1000 万亿次的计算,这是非常了不起的一个数字。最后,在 2010 年之后,通过通信、计算和互联网上种种应用的有效运用,全世界的信息总量每 11 小时将要增加一倍,这又是非常了不起的一个创新。这一切都表明当今时代是一个创新的时代。"

创新时代对软件能力提出了更高的要求。人类需要更伟大的软件去创造历史，去保护地球，去建设绿色家园；企业需要更智能的软件支持其创新的业务发展，需要更高质量的软件支持其业务运营；每个个体也需要更有智慧的软件去实现价值。但是，我们到底依靠什么来快速交付软件呢？我们是否已经拥有足够的软件交付能力确保软件的快速和高质量交付？

1.1　软件交付面临的挑战

创新时代企业发展速度的加快和全球化软件交付模式的出现，给软件交付团队带来了很多挑战。但从软件交付过程的本质来看，软件交付团队的挑战可以归纳为以下 4 个方面：复杂性、团队、流程和工具，如图 1.1 所示。

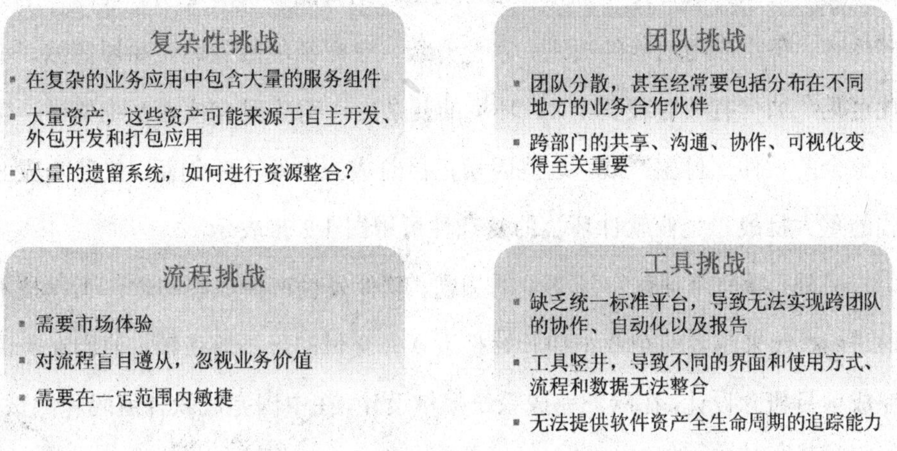

复杂性挑战
- 在复杂的业务应用中包含大量的服务组件
- 大量资产，这些资产可能来源于自主开发、外包开发和打包应用
- 大量的遗留系统，如何进行资源整合？

团队挑战
- 团队分散，其至经常要包括分布在不同地方的业务合作伙伴
- 跨部门的共享、沟通、协作、可视化变得至关重要

流程挑战
- 需要市场体验
- 对流程盲目遵从，忽视业务价值
- 需要在一定范围内敏捷

工具挑战
- 缺乏统一标准平台，导致无法实现跨团队的协作、自动化以及报告
- 工具竖井，导致不同的界面和使用方式、流程和数据无法整合
- 无法提供软件资产全生命周期的追踪能力

图 1.1　软件交付面临的挑战

1.1.1 复杂性的挑战

从某种意义上说，我们正生活在一个软件的世界：新的空客 A380 中包含超过 10 亿行的软件代码；通用汽车预测到 2010 年平均每辆汽车有超过 1 亿行代码。而比较而言，Windows XP 只有 4 千万行代码。在这种情况下，软件的需求和软件生产环境本身的复杂度，为我们制造了很多的麻烦。复杂性的挑战除了我们所构建的软件世界本身的复杂性以外，另一个重要的原因则是历史遗留系统的复杂性。在漫长的 IT 系统的建设过程中，技术的进步、开发语言的变迁、系统平台的演进、Web 2.0 的出现，给企业留下了错综复杂的 IT 基础架构和异构的应用系统。同时，为了满足各种业务发展需求，企业每年都要扩展现存系统并开发新系统，统计数据表明：企业 78% 的 IT 投资用于维护现有的应用和架构，而不是创新和新系统的开发。但许多企业核心应用的架构就像是个黑箱，错综复杂，无人能够说清道明。就像一个重磅炸弹，每次应用功能的改进、系统升级，企业都战战兢兢，如履薄冰。由此可见，如何有效管理整个 IT 环境的复杂度，明确现有核心系统架构，建立整合的软件交付生产线，这些因素正日益成为企业不断创新、快速响应面临的重大挑战。企业软件环境的复杂性可用图 1.2 来表示。

另外，随着全球化市场竞争的加剧、软件外包市场成熟和软件工程技术的进步，越来越多的企业正在开始打造软件交付的日不落帝国。他们在美国完成项目概念设计，在欧洲完成系统架构设计，在中国完成软件编码和测试，在印度为软件用户提供售后支持。在强大的软件工程工具和平台的支撑下，他们开始与时间赛跑，在全球化软件交付环境中，他们几乎实现了 24 小时不间断的软件交付和支持服务，他们实现了在尊重每个软件从业人员人权（不加班）的同时，软件交付速度的最大化。

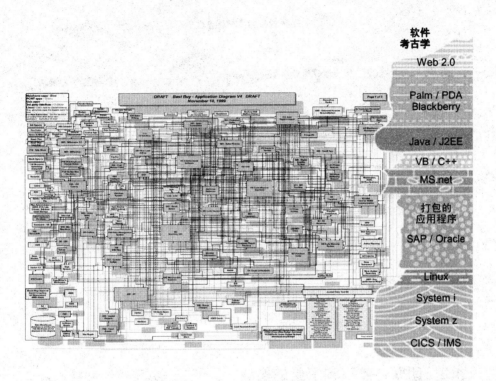

图 1.2　企业软件环境的复杂性

　　全球化的发展趋势对软件和软件交付环境提出了新的挑战，它不仅催生了越来越多企业的并购和全球化发展，留给 IT 人更为复杂的基础架构、异构的开发流程和应用系统。同时，也带给软件交付团队更多人、流程和工具的竖井，包括分布式团队地域本身的障碍、组织结构的障碍、流程和工具等基础结构的障碍等，如图 1.3 所示。由此可见，全球化经济、分布的软件交付团队，都增加了软件交付过程的复杂度和挑战。

图 1.3　全球化软件交付面临的挑战

1.1.2　团队、流程和工具的挑战

团队的挑战一方面体现在随着软件本身的复杂度日益增加，软件交付团队也日益扩大，由此带来的跨部门的团队共享、沟通、协作和可视化正变得至关重要；另一方面，全球化软件交付模式对团队管理和团队协作方面也带来新的挑战。流程方面的挑战主要体现在如何通过合适的流程，加速业务价值的交付；如何通过流程的敏捷性，提高业务的响应速度。而工具的挑战主要体现在由于缺乏统一的标准工具平台，导致无法实现跨团队的协作、软件

交付过程的自动化和实时报告；现实中的工具竖井，导致不同的界面和使用方式、流程和数据无法整合，无法提供软件资产全生命周期的追踪能力。

为了更好地分析软件交付在团队、流程和工具方面的挑战，下面让我们一起来看一下软件企业的软件交付能力的建设过程。目前，大多数企业的软件交付能力建设过程都是一个随需应变、先局部后整体的过程。基于木桶短板原理，企业首先定位软件交付过程能力最薄弱的环节，然后基于业务发展对软件交付能力改进的要求，开展能力建设。例如，某个企业首先发现自己的项目管理、质量管理比较弱，于是从这两方面入手进行改进，分别建立了项目管理方法管理方法、工具平台和质量管理方法及工具平台。然后在企业发展过程中，他们又会发现变更及发布管理比较弱，再后来又会发现部署过程管理比较弱……，于是企业在发展过程中逐步建立起了软件工程很多环节的管理能力，如图 1.4 所示。

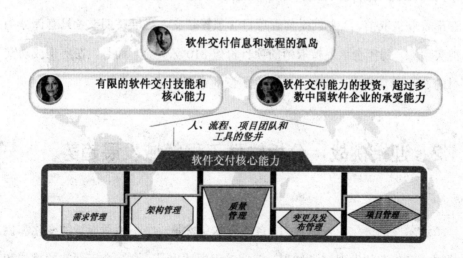

图 1.4　软件交付能力建设的现状

经过多年建设后，蓦然回首，我们会发现两个问题：首先，在企业软件交付能力建设过程中，不同环节能力水平不均衡。软件交付的总体生产力是由整个软件生产线的效率决定的，而生产线的效率又由整个软件交付过程最弱的环节决定。其次，在企业软件交付能力建设过程中，由于先局部后整体的思维模式，导致整个软件开发过程存在较多的能力竖井。不同的工作团队使用不同的流程，不同的流程由不同的工具实现，不同的工具有不同的风格。最为令人沮丧的是不同工具间信息无法互通，整个软件开发生命周期缺乏可追踪性，阻碍了企业建立端到端的治理能力以提高软件交付效率。同时企业还面临越来越多的法律、法规、规范的遵从性要求。

作为软件从业者，今夜您是否可以安眠，不再在睡梦中担心是否能够按时交付高质量的软件，担心系统的宕机、数据的安全和业务的连续性，担心您的软件是否足以支持企业的业务发展和创新。如果还不能，那么您并不孤单，Alinean 的研究报告表明：在过去 5 年的软件开发项目中，17%的项目在部署前被取消，33%的是问题项目（预算超支、进度延期或者只有部分功能实现）。每年全世界被取消的项目价值 810 亿美金。而且，在所谓成功交付的 50%的项目中，28%并未产生预期的业务价值。

1.2　迎接挑战，分析软件工程领域发展趋势

达尔文的进化论告诉我们，自然界本身就是一个不断适应新的变化和挑战的适者生存的发展演进过程。软件工程领域也是一样，今天面临的挑战和压力，恰恰决定了其明天的发展方向。复杂性的挑战推动了模块化技术和

SOA 的快速发展；流程和工具的挑战以及软件生产环境本身复杂性的挑战，加速了开放计算和软件开发治理的不断发展；全球化环境下团队的挑战则催生了新的全球化软件协作交付模式。易经的思想告诉我们：**观其变易，以顺势而为；观其不易，以驭势而行；知变易与不易，可造势也**。顺应趋势，洞察先机，为了在新的全球化环境中获得新的竞争优势，我们不得不仔细审视软件工程的发展趋势，如图 1.5 所示。

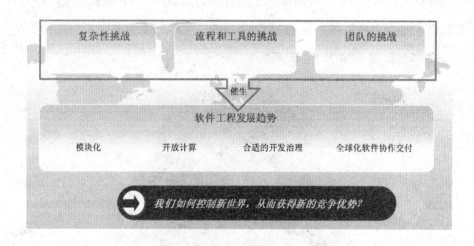

图 1.5　挑战催生趋势

1.2.1　软件工程发展趋势一：模块化

随着全球化的发展趋势和全球化市场竞争压力的增加，一方面企业需要更多的业务灵活性和创新能力；另一方面企业面临的 IT 环境复杂度的增加和历史遗留系统的增加，对企业的 IT 提出了新的挑战。模块化的思想恰恰能够帮助企业从根本上解决了这一问题，它一方面通过抽象、封装、分解、层次化等基本的科学方法，对各种软件构件和软件应用进行打包，提高对企业现资产的重用水平和能力；另一方面，基于模块化思想，业界提出了 SOA 技术，它提供一组基于标准的方法和技术，通过有效整合和重用现有应用系统和各种资源，对各种服务进行服务组件化，并基于服务组件实现各种新的业务应用的快速组装，帮助企业很好应对业务的灵活性要求。它通过有效平衡业务的灵活性和 IT 的灵活性、平衡业务的灵活性和 IT 的复杂度，为 IT 人提供了一个业务视角，让 IT 人学会用业务的眼睛看世界，有效的拉近了 IT 和业务的距离，如图 1.6 所示。

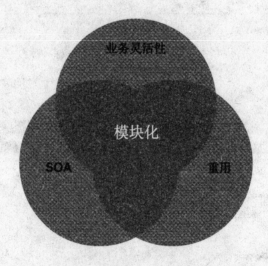

图 1.6　模块化发展趋势

1.2.2　软件工程发展趋势二：开放计算

"开放标准的最好例子就是互联网本身。互联网建立了一套任何人都可以使用的标准，其创建的目的就是允许任何人参与。"

——经济发展委员会数字连接理事会

虽然软件工程方法、技术和工具的发展可谓百花齐放，但谈到趋势，我们必须首先强调的是能够确定行业基础框架，指导行业发展和技术融合的"开放计算"，它融合了"开放标准"、"开放架构"和"开源软件"三个方面，如图 1.7 所示。通过坚持"开放标准"，不同企业开发和使用的软件可以互连互通，不同的软件工程工具能够更好地集成，不同国界和不同文化能够更好地协作交流，用户的投资能够得到很好的保证。正是它为全球化趋势奠定了重要基础；"开放架构"通过一组开放的架构标准和技术，有效地解决了商业模式的创新对 IT 灵活性要求的增加和现有 IT 环境的复杂度之间的矛盾，第一次使 IT 和业务走得如此之近，其典型代表包括 SOA、REST 等。

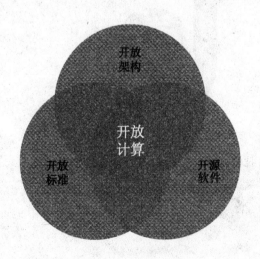

图 1.7　开放计算

而"开源软件"不但书写了 Linux、Eclipse、Jazz 等一个又一个的神奇故事，而且它还有效地促进了开放标准的发展，同时有效利用社区驱动的开发与协作创新，优化软件设计中的网络效应，开源软件越来越被中小企业和个人用户所认可。

1.2.3 软件工程发展趋势三：合适的开发治理

软件开发治理的研究对象是软件开发团队，其目的是在软件开发生命周期中，通过定义整个开发组织中的各种角色、职责和技能要求，明确"谁"、在"什么时间"、做"什么"、"怎么做"和如何评测等内容，不断改进软件团队的生产效率和软件产品质量。软件开发流程和软件工程工具是软件开发治理的两个重要组成部分，如图 1.8 所示。

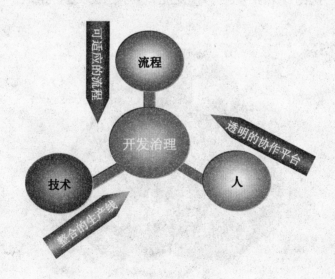

图 1.8 软件开发治理框架

首先，全球化的软件交付和社区驱动的软件交付模式对软件工程方法提出了新的要求。环顾当今软件开发方法，RUP、敏捷开发、MSF 可谓百花齐放，当不同学说的支持者互相不屑一顾的同时，其实我们不难看到，不管是哪一种软件开发过程，它都有自己合适的软件开发团队和软件开发场景。这就好比中国的饮食文化，粤菜以鲜闻名，川菜以麻辣著称，鲁菜鲜咸，而淮扬菜则追求本味。但如果问起哪种菜系最为好吃时，则十有八九不同的人会有不同答案。即使是同一个人，在不同年龄、不同经历下，也可能有不同答案。软件开发过程也正如菜系，不同的团队、不同的文化、不同的规模、不同的软件类型、不同的质量要求，都会影响开发团队对软件开发方法和过程的选用。Rational 在 2004 年时提出了"可适应的流程"概念，其核心是通过重用组织过程资产库中的最佳实践构件，能够为不同的项目、不同的团队量体裁衣，快速装配特定团队所需要的流程，如图 1.9 所示。

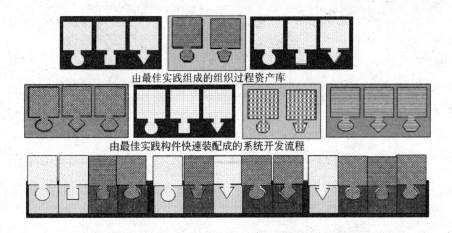

由最佳实践组成的组织过程资产库

由最佳实践构件快速装配成的系统开发流程

图 1.9　基于企业最佳实践灵活装配的软件开发流程

Rational Method Composer（简称 RMC）是一个软件交付过程的定义、

裁剪、配置和发布工具平台，它赋予了 RUP 以全新的生命力。RMC 提供了可重用的、统一的方法架构和定义语言，同时整合了 RUP 和更多的业界标准、成功经验和方法论（以流程组件的方式存在方法库中），使企业能够基于 RUP 和其他业界最佳实践，快速定义、配置和发布自己的软件交付过程和其他管理过程（例如 ITUP），实现了流程的重用、可配置和可适应。基于 RMC，企业可以首先将各种管理活动的最佳实践总结成流程构件，然后基于各种最佳实践流程构件建立统一的方法库。通过重用方法库中的各种流程构件，面向不同类型的、不同规模的 IT 组织或软件团队，企业能够快速地量身定做出适用的 IT 治理流程或软件开发流程，保证了流程的灵活配置能力，如图 1.10 所示。

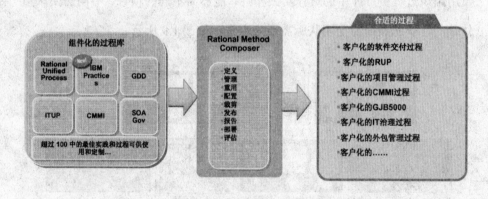

图 1.10　使用 RMC，基于企业最佳实践灵活装配的软件开发流程

1.2.4　软件工程发展趋势四：全球化软件协作交付

全球化的世界必然带来全球化的软件交付模式。根据 Forrester 的数据，

目前 87% 的开发团队是分布式的，56%有两个以上的开发地点，同时企业的合并和收购趋势不断产生众多新的分布式开发团队，企业为了提供全球化的 24×7 支持和开发能力，也在不断加强全球化软件协作交付能力。

　　全球化软件协作交付的另一个重要的驱动力来自于软件外包行业的发展。放眼今天，外包从最初的在印度公司购买廉价的劳动力，到今天在全球全面展开；从最初的以使用海外更廉价的劳动力为目的，到今天的有效使用海外更多人才和领先技术；从最初的技术编程为主的外包，到今天的咨询、BPO、SOA 和基础设施的全面外包；从企业最初的有无数战略外包供应商，到今天建立 3 至 5 家战略性外包供应商，我们都不难看到外包和全球化交付正在成为软件交付发展的标准模式，而不再是个例，如图 1.11 所示。

图 1.11　全球化的软件协作交付模式

1.3 顺应软件工程发展趋势，迎接软件交付 2.0 时代的到来

纵观整个软件工程的发展历程，我们就不应该奇怪当前软件交付领域存在的众多问题，它是由软件交付 1.0 的本质特征决定的。在 2008 年 Jazz 正式推出以前，软件交付领域基本处于 1.0 时代。在软件交付 1.0 的世界里，软件交付中的人、流程和技术三要素处于对等地位；软件交付过程强调分工，人的创新能力受角色的视角的限制，受到技术和流程的制约；软件交付过程能力的提高更关注不同过程域的改进。因此，正是软件交付 1.0 的这些本质特征决定了软件核心能力建设的方法——先局部后整体，关注不同能力域建设的随需应变的过程，其结果是产生能力发展水平的不均衡和软件交付能力竖井。

顺应全球化趋势和 Web 2.0 时代的到来，软件交付正逐渐进入了 2.0 时代，它以 IBM Jazz 平台的推出为标志。Jazz 是 IBM 基于开放的国际标准，以开放社区 Jazz.net 为中心，通过社区驱动的商业软件开发模式创造的一个开放、可扩展、高效的协作开发平台，它能够帮助企业快速打造软件交付 2.0 协作平台。它基于 Internet，提供了统一的软件交付平台，彻底屏蔽掉了地域的概念，为**全球化软件协作交付**团队提供了完美解决方案；它基于组件的架构模式，使软件交付生命周期各种能力以服务组件的**模块化**形式存在，能够无缝地集成软件生命周期各个阶段的任务，并提供了开放和扩展能力；它提供了整合的核心数据存储库，统一记录软件交付过程的各种信息，提供

全生命周期的可追踪性；它提供了智能的流程感知能力，能够帮助团队灵活定制和遵循合适的软件交付流程，实现**合适的软件开发治理**。

2.0 时代的软件交付的最大特点就是突出了作为软件交付主体的"**团队**"的要素。核心理念就是以人为本，**关注协作，自动化和透明的治理。关注以最佳实践为基础快速实现业务价值**。强调团队的智慧、协作的力量，整个软件交付生命周期由以能力为核心的组织方式转变为以团队为核心的组织方式。它更关注通过整合的软件开发生命周期，变能力的竖井为全生命周期各种服务的整合；更关注通过交付团队的无缝协作变个人绩效为团队绩效；更关注通过赋予平台以流程意识，变局部自动为全局自动；更关注通过社区技术和 Web 2.0 技术，打造开放的、标准化的、可扩展的软件生命周期服务生态环境，从而实现人主宰工具平台，享受工具平台的服务，而不是人为工具打工。如图 1.12 所示为软件交付 2.0 的服务组件结构图。

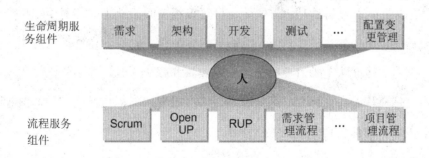

图 1.12　软件交付 2.0 的服务组件结构图

在 2.0 的世界里，作为软件交付的主体人虽然处于核心位置，但并不是说软件交付流程和技术就不重要。相反，借助技术的进步，方法的创新，**软件交付流程和工具将逐渐以服务组件的形式存在**。就像 SOA，开发者可以根据项目特点、团队规模和偏好，快速组织、编排所需的软件交付生命周期服务组件和软件交付流程服务组件，生成团队开发所需的软件交付流程和工具平台环境；组织也可以基于自身发展水平、发展速度和业务要求，选择不同供应商的服务组件，搭建更加灵活、可扩展的协作环境，更自动化的软件交付过程，实现更透明的团队治理。通过提高软件交付自动化水平和管理的透明化，真正做到变个人绩效为团队绩效，提高整个软件交付过程的生产力。

软件交付 2.0 时代，团队首先被赋予了基于上下文实时的**协作能力**，它屏蔽了团队间物理的地域限制，为我们打造更有效的全球化团队，实现团队更加熟练、更有组织、开销更少。其次，软件交付的**自动化**水平将得到充分利用，包括软件交付内容的自动生成、测试的自动完成、管理报告和文档化工作的自动完成、团队流程的自动执行。通过自动化程度的提高，提高软件交付团队的生产力和工作效率。最后，软件交付的**治理过程将更加透明**。"透明"在这里的含义指的是：与软件交付过程相关的治理工作相对于软件交付生产的主体工作变得透明，使人能够更加集中精力完成创造性的软件生产过程，而由工具自动完成治理所需的信息收集和报告工作。其中软件交付治理工作包括流程、项目计划、绩效管理、综合报告和文档化等内容。如图 1.13 所示展现了软件交付 2.0 的主要特点。

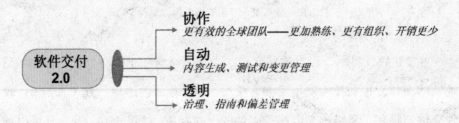

图 1.13　软件交付 2.0 的主要特点

IBM Rational Team Concert（RTC）是 IBM 基于 Jazz 平台推出的第一个商业产品，这是一个协作式的软件开发平台。RTC 提供的自动数据收集和汇报功能可以明显地减少开销，提供进行有效项目管控时所需要的实时洞察能力；实时协作功能有效地帮助团队减少出错机会，使不同角色能够更加紧密地在一个实时工作环境里遵循敏捷流程进行高效协作。RTC 改变了开发团队如何进行软件开发的方式，使软件交付活动具有更加高效的协作性、更高的生产率、更加透明并且富有乐趣。如图 1.14 所示为基于 Jazz 的软件交付 2.0 平台。

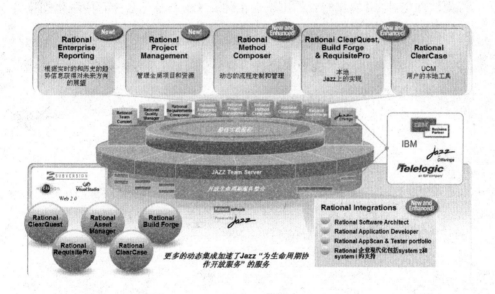

图 1.14　基于 Jazz 的软件交付 2.0 平台

通过开放的 Jazz，我们还可以整合更多的工具平台，形成统一的流程、方法、数据、工具使用方式，进行畅通的上下文协作，从而彻底打破传统的过时的以工具为中心的平台建设思想，真正实现以企业业务目标为指导的大平台建设思想，彻底打破工具竖井。

1.4　小结

　　本章首先向各位展现了当今世界软件交付过程面临的挑战，分析由此催生出的四个软件工程发展趋势：模块化、开放计算、合适的开发治理和全球化软件协作交付。顺应软件工程发展趋势，软件交付 2.0 时代的到来势在必行，而软件交付 2.0 协作平台的出现也正体现了大自然适者生存的进化规律。IBM Jazz 平台顺应软件工程发展趋势，完全符合了软件交付 2.0 团队协作创新的要求，能够帮助软件企业快速打造软件交付 2.0 平台。第 2 章我们将为您逐步揭开 Jazz 平台的神秘面纱。

第 2 章　奏响软件交付的爵士乐

"是人构建了伟大的软件，而不是组织。"

——Jazz.net

在金融危机横扫全球之际，全球大多数企业都在思索危机的应对策略，冬天的丝丝寒意已经蔓延到了 IT 企业或企业的 IT 部门，迫使我们不得不重新思考我们的软件生活。创新的时代呼唤软件交付的创新，Jazz 平台是 Rational 研发部和 IBM 实验室最新推出的软件协作创新平台，使软件开发团队能够像爵士乐队那样把一群专业的演奏家很好地协作在一起，演奏出最优美最动听的曲子。

Jazz 平台是 IBM Rational 面向软件交付技术的下一代协作创新平台，它经过精心设计，专门面向全球化和跨地域团队开发，将改变人们协作构建软件的方式——提高软件交付的自动化、协作性和透明度。您可以将 Jazz 技术视为一个可扩展的框架，能动态地集成和同步与软件开发项目关联的人员、流程和资产，它会改变开发团队如何进行软件开发的方式，使软件交付活动具有更加高效的协作、更高生产率、更加透明并且富有乐趣。

2.1　Jazz 的理念和核心能力

为何取名为 Jazz？在团队中开发软件非常类似于在乐队中演奏乐器。每个音乐家必须集中精力演奏好自己的部分，同时还要与乐队保持合拍和同步。他们必须就将要如何沟通达成一致，每个成员都要密切注意指挥的信号和同伴的状态，否则表演就会失败。强有力的协作和个人的精湛技艺都是出色的乐队表演所必需的。类似地，开发人员一定不能仅集中于构建高质量的代码，他们还必须对自己的活动进行协调，使项目中的各个部分都能完美地结合在一起。我们期望软件开发人员也能像乐队一样进行团队协作，并提供支持这种工作方式的途径，实现工作效率的提升。Jazz 是技能娴熟的专业人员的集体工作结晶——既体现了高度精湛的个人技术，同时也表现出高度的控制和自律。Jazz 是伟大团队的成果，团队中的成员既是出色的精英人才，也具有高度的团队协作精神。

Jazz 是一个旨在通过变革团队协作方式，改进团队绩效，提高软件投资回报率的创新项目和平台。它基于开放的标准、开放的 OSGI 组件架构，实现了可扩展、可伸缩的软件生命周期管理平台框架，可以动态地集成和同步与开发项目相关的人（People）、过程（Process）和工件（Artifacts）；它基于 Web 2.0 技术，实现了全球分布的协作模式，适应团队的动态变化；它通过开源社区驱动的商业软件开发模式，基于 jazz.net 开放社区完成软件开发。作为一个生命周期服务整合平台，Jazz 提供了团队上下文中实时协作能力和治理流程的定义及执行能力。实时协作能力能够为团队提供透明的工作环境，使得团队中每个人都能够实时、方便地知道"谁、在何时、干什么、为什么"，有效加强团队协作，打造高效团队。而基于治理流程的定义及执行能力，开发团队首先可以基于自身项目特点，选择合适的开发方法，例如敏捷开发（如 Scrum、Eclipse Way、OpenUP 等），迭代式软件开发（如 RUP 等）或传统的瀑布模型。然后，通过在 Jazz 平台上定义指定的开发方法，教会 Jazz 如何执行开发流程，从而指挥整个团队，通过有效的分工协作，完成开发任务。如图 2.1 所示表示 Jazz 平台的核心理念。

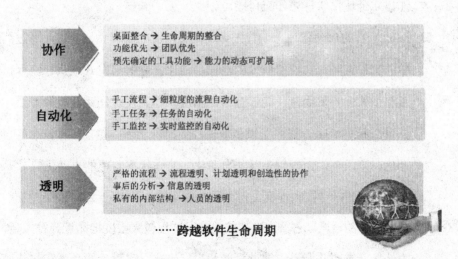

图 2.1　Jazz 平台的核心理念

Jazz 平台的出现具有划时代的意义，它预示了软件交付 2.0 时代的到来，揭开了软件交付历史上新的篇章。它顺应软件工程发展趋势，完全符合了软件交付 2.0 团队协作创新的要求，能够帮助软件企业快速打造软件交付 2.0 平台。其核心理念主要体现在协作、自动化和透明的报告三个方面。

❑ Jazz 平台的协作理念，首先体现在 Jazz 由功能优先向团队优先的转变，它更强调通过基于上下文的团队协作实现高效的软件交付，从而变个人绩效为团队绩效；其次，Jazz 基于统一的数据存储库，提供了完整的软件生命周期服务的整合能力和细粒度的软件开发过程定制能力。同时，基于 OSGi 的组件架构模式，它使软件开发团队能够根据自身实际需求和规模要求，动态扩展软件生命周期管理服务，实现真正意义上的、以团队为核心的协作开发；最后，Jazz 平台本身基于 Internet 的软件交付协作平台架构，完全屏蔽了地域概念，有效地支持了企业快速建立全球化软件协作交付能力。

❑ Jazz 平台的自动化理念，首先体现在其创新的流程感知能力，通过简单的流程定制，实现细粒度的流程自动化，能够启发式地执行流程，使整个软件开发团队，能够轻松的围绕软件开发过程翩翩起舞，协作开发。其次，Jazz 提供了很多手工任务的自动化，包括工作日志的自动化、需求全生命周期追踪的自动化、工作状态监控的自动化等。

❑ Jazz 透明的报告很大程度上得力于其创新能力和 Web 2.0 技术的发展，通过流程的透明，它第一次使软件开发过程最大限度地贴近开发人员，为软件开发团队服务；通过订阅和报告技术，它赋予管理者实时的信息采集和报告能力；通过 Web 2.0 技术，实现了团队成员之间信息的透明交换，距离不再是问题，团队沟通也不再是问题。

　　Jazz 是一个用于整个软件生命周期的团队协作平台，旨在支持跨所有软件生命周期阶段的任务的无缝集成。Jazz 在客户端和服务器端都设计为可扩展的，并且可以从非常小的团队扩展到大型企业环境。Jazz 整合了工具支持的流程指南的概念，其中工具了解团队已决定使用的开发流程，并无缝地帮助团队成员遵循该流程而不会妨碍他们。Jazz 不仅旨在集成现有的工具，而且还在于提供一个平台，在该平台上可以构建比以前更加整合的生命周期管理功能。当以这种方式在整个生命周期中集成开发工具时，使用一组结合在一起的解决方案来完成难以想象的事情将成为可能。像这样的集成端到端的工具可以帮助团队更有效地构建软件，并使得软件开发活动更加令人愉快。

2.2　Jazz 的整体框架

2.2.1　Jazz 的架构基础——OSGi

　　众所周知，Eclipse 是目前著名的跨平台的集成开发环境（IDE），通过实现基于插件（Plug-in）的即插即用的扩展机制，Eclipse 统一了软件交付的桌面（Desktop）。基于 Eclipse，IBM Rational 实现了从需求管理、架构管理、开发、测试到配置管理、变更管理整个应用生命周期管理能力，通过众多插件的支持，使得 Eclipse 拥有其他功能相对固定的 IDE 软件很难具有的灵活性。许多软件开发商都以 Eclipse 为框架，开发自己定制的功能插件。究竟是什么赋予了 Eclipse 这种即插即用的组件架构模式呢？答案正是OSGi。如图 2.2 所示，Eclipse 是 OSGi 最早的产品化实现之一，其核心部分正是 OSGi。

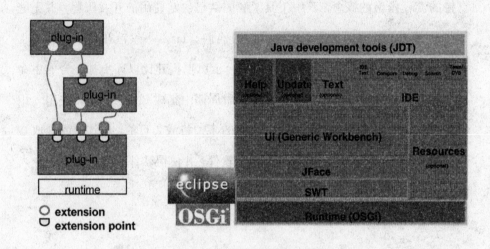

图 2.2　基于 OSGi，Eclipse 实现了即插即用的组件架构

如果说 Eclipse 统一了软件交付平台的桌面环境，则 Jazz 第一次实现了软件交付生命周期服务的整合能力。它以 OSGI 为基础，将 Eclipse 基于 Plug-in 的即插即用的、基于组件架构模式的扩展能力，延伸到了服务器端。由图 2.3 可见，Jazz 的服务器端内置了 Eclipse Equinox，它是 OSGi 的一个实现，是一组实现各种可选的 OSGi 组件和一些开发基于 OSGi 技术的系统所需要的基础组件。通过它 Jazz 实现了服务器端的组件架构和编程模式。

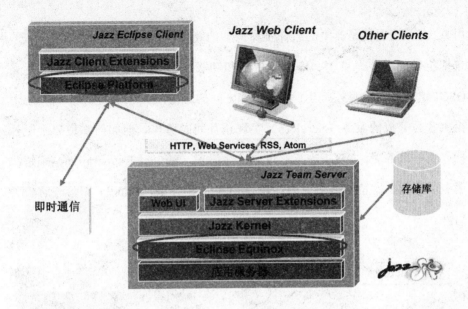

图 2.3　Jazz 平台在服务器端对 OSGi 的实现

那么，到底什么是 OSGi，为什么他能够为我们带来组件编程模式呢？

OSGi 是一个基于 Java 语言的服务规范，即 OSGi 服务平台，是面向 Java 的动态模型系统，允许多个基于 Java 的组件在单个 Java 虚拟机（JVM）之中有效协作。其核心部分是一个框架，这个框架实现了一个优雅、完整和动态的组件模型，它明确地定义了什么是组件，明确地定义了组件之间的交互方式，支持组件化的开发和部署。基于这一组件模型，组件（称为 Bundle）无需重新引导可以被远程安装、启动、升级和卸载等生命周期管理。服务注册允许组件（Bundles）去检测新服务和取消的服务，实现有效协作。

如图 2.4 所示，OSGI 规范就是由核心框架以及基于其上的各类服务组成的。核心框架中主要包含四层部件，第一层就是运行时环境，它提供了组件运行时协作环境；第二层是模块（Module）层，它定义了组件的打包和重用方式；第三层就是典型的组件生命周期的管理，它提供组件生命周期管理，包括组件的安装、启动、停止、更新和卸载；第四层其实是服务层，就是OSGI 组件提供的服务。为了解决组件之间的通信，OSGi 约定每个组件通过提供各自开放的服务（Services）实现相互间的协作。但如何知道哪个组件拥有哪些服务呢，OSGI 规范通过服务注册表（Service Registration）来解决服务的查询、定位和调用问题。在 OSGI 的世界里，Bundle 即可理解成为组件。

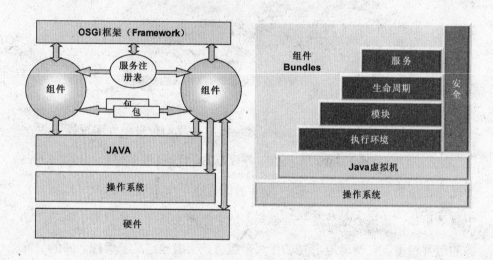

图 2.4　OSGi 分层模型及工作机制

2.2.2　打造基于 Internet 的全生命周期服务整合平台

同样基于 OSGi，Jazz 将 Eclipse 基于 Plug-in 的即插即用的扩展机制，延伸到了服务器端，但同时也带来了新的问题。如果在同一个 OSGi 的运行环境中，组件可以通过调用服务实现相互间的协作。但 Jazz 的客户端和服务器端跨越 Internet，两个 OSGi 的运行环境中的组件如何实现服务调用的呢？解决这一问题的方法就是 Roy Fielding 博士在 2000 年他的博士论文中提出来的一种软件架构风格：表形化状态转变（Representational State Transfer，REST）。REST 从资源的角度来观察整个网络，分布在各处的资源由 URI 确定，而客户端的应用通过 URI 来获取资源的表形。获得这些表形致使这些应用程序转变了其状态。随着不断获取资源的表形，客户端应用不断地在转变着其状态，所谓表形化的状态转变（Representational State Transfer）。通过 REST 服务接口，Jazz 的客户端可以通过标准的 HTTP 协议访问服务器端组件的服务，从而实现了跨越 Internet 的组件间的协作，如图 2.5 所示。

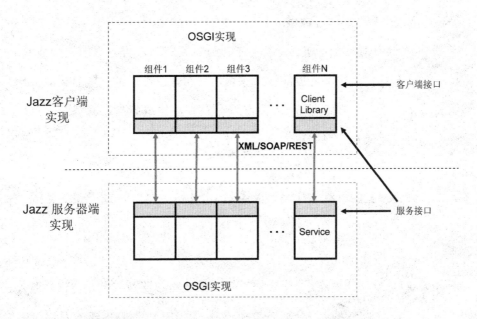

图 2.5　Jazz 平台基于 Internet 的组件架构模式的实现

REST 服务接口提供了以下三个方面的重要帮助。

一是提供稳定的数据 URL。正像基于 Web 的超链接文本（HyperText）一样，有了 URL 的数据也会变成超数据（Hyper-Data），使得软件交付生命周期的各种数据能够像超链接一样，被方便连接使用。

二是提供标准的数据表述方式。通过开放的生命周期协作服务（Open Services for Lifecycle Collaboration，OSLC），整个软件交付生命周期中的各种资源不但以"超数据"的方式存在，还都使用了标准的 XLM 定义的规格说明，方便不同厂商工具间的整合。

三是提供基于标准的 HTTP 的数据操作方法。通过和 Web 一样的原理，任何客户端都可以使用"超数据"的 URL 实现对其的访问、数据的交互和增删改等操作，而不管具体的服务器的位置和分布。

由此可见，基于国际开放的 Web 和 OSGi 标准之上，Jazz 平台的客户端、服务器和 Web 界面都是基于开放标准 Eclipse 的插件式、可扩展的架构技术，因此，Jazz 本身就是一个开放的技术平台，它的开放性、可扩展的架构将导致许许多多基于 Jazz 的新产品诞生，使我们能够根据选择自己喜爱的生命周期服务组件来组装自己独特的软件交付平台。

2.2.3　开放的生命周期协作服务（OSLC）和 Jazz 整合架构（JIA）

如果我们定义了软件交付生命周期资源的规格说明及其共享方法，那么各种软件交付工具的集成将会变得更加容易。由 IBM 于 2008 年 6 月建议的开放的生命周期协作服务，提供了一个联合开发和共享供应商无关的服务规格说明的场所。通过提供标准应用生命周期（ALM）资源的 XML 描述和基于表形化状态转变（RESTful）的整合架构，建立了不同厂商、不同功能的软件交付生命周期工具间的整合框架，OSLC 奠定了软件交付 2.0 的基础。

　　基于 OSLC，Jazz 整合架构（Jazz Integration Architecture，JIA）实现了更高层次的整合能力，它由参考架构、API 规格说明、一组公共服务和工具构造块组成，进一步定义了不同工具间互通互联的技术和规格说明，以支持企业或工具厂商能够快速开发新的生命周期工具和实现工具间的快速整合，如图 2.6 所示。

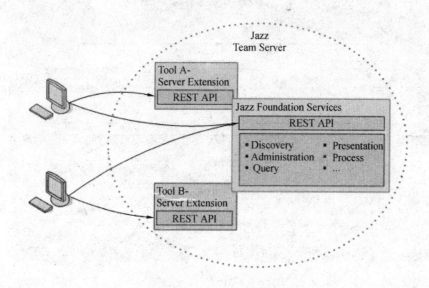

图 2.6　基于 Jazz 平台实现生命周期服务组件

　　Jazz 整合架构的核心部分是 Jazz 团队服务器（Jazz Team Server，JTS），它提供了 Jazz 基础服务（Jazz Foundation Services，JFS）和一定数量的工具

服务器扩展（Tools Server Extension）。Jazz 基础服务包括用户和项目管理、安全、协作、查询、工具互通互联和其他公共能力。它提供了软件交付生命周期服务组件共同需要的一些基本服务。而其他的服务器扩展则使用基础服务实现某个领域（例如需求定义、质量管理）的特定服务，这样就可以使不同的工具组合成为一个逻辑的整体进行工作。而在底层，Jazz 基础服务和工具服务器扩展都会以一个或多个 OSGi 的组件方式实现。Jazz 团队服务器逻辑架构如图 2.7 所示。

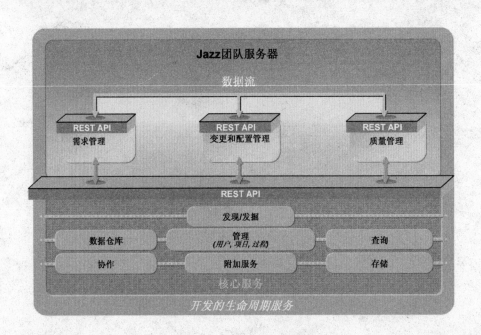

图 2.7　Jazz 团队服务器逻辑架构说明

由此可见，正是开放的生命周期协作服务（OSLC）和 Jazz 整合架构（JIA），使软件交付 2.0 时代以人为核心的**软件交付流程和工具的服务组件化**成为可能，从而揭开了软件交付 2.0 时代的序幕。

2.2.4　基于 Jazz 平台开发新的生命周期服务组件

任何企业都可以通过增加插件（Plug-in）的方式来对 Jazz 平台进行功能扩展。基于 Jazz 开发新的生命周期服务组件，主要任务就是基于 Jazz 平台，分别开发出服务器端和客户端的服务组件，即插件（Plug-in）。例如，在 RTC 的开发过程中，如图 2.8 所示，开发人员要在服务器端和客户端分别实现公共插件（Common Plug-in）、服务插件（Service Plug-in）、Web UI 插件、Eclipse 客户端插件、客户端库插件（Client Library）等基本插件和其他的具体功能插件。基本插件中，公共插件同时存在于客户端和服务器端，主要用于通过扩展点注册组件的服务接口；服务插件用于通过服务器端的扩展点注册相应的服务实现；Web UI 插件安装在服务器端用来实现 Web 界面相关服务；客户端库插件（Client Library）则用于通过客户端的扩展点注册客户端的接口。Eclipse 客户端插件主要用来实现 Eclipse 客户端的视图、编辑器等相关界面功能。

2.3　Jazz 的现状与未来

Jazz 作为 Rational 下一代产品的基础平台，为整个 Rational 软件交付平台的发展提供了远景，不但 Rational 未来的新产品都将基于 Jazz 技术平台构建，而且 Rational 的现有产品也会逐渐迁移到 Jazz 平台，被赋予 Jazz 平台的协作能力。同时，因为 Jazz 的开放性、标准化和其特有的社区驱动的开发模式，吸引了众多合作伙伴基于 Jazz 开发自己的协作产品，它们与 IBM 一道共同构成了快速成长的 Jazz 社区和生态圈，如图 2.9 所示。

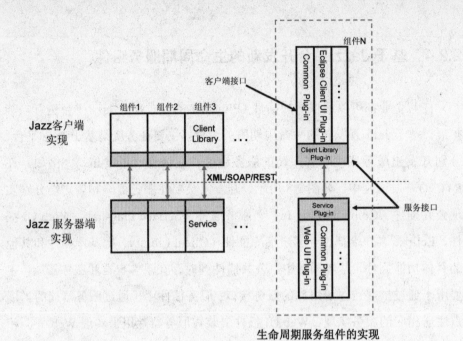

图 2.8　基于 Jazz 平台实现生命周期服务组件

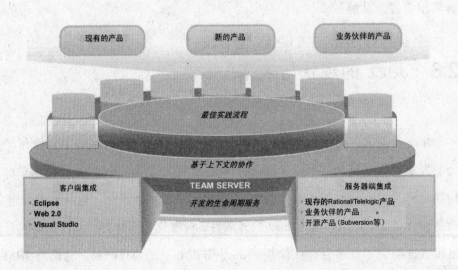

图 2.9　围绕 Jazz 平台的生态圈

在 2008 年，IBM Rational 已经推出了 3 款基于 Jazz 的新产品，如图 2.10 所示。Rational Team Concert 是 IBM 推出的第一个商业产品，其中包括 Jazz 平台的所有协作功能。它提供了对软件配置管理、团队构建和工作项的支持——其所属的协作环境针对中小型敏捷团队进行了优化。IBM Rational Team Concert 是一个协作软件交付环境，可以帮助项目团队简化、自动化和监管软件交付过程。自动化数据收集以及报表能力减轻了传统软件交付管理上的过度管理的问题，并提供了实时的监控能力使得软件项目的监管更加有效；动态的项目配置增强了团队在立项前期的生产力；实时协作功能可显著降低资源浪费和返工。Rational Team Concert 通过提供整合的项目计划、工作管理、配置管理、版本构建、报告能力，同时基于 Jazz Team Server，为整个团队提供了协作基础设施，增强了团队能力。

IBM Rational Quality Manager（简称 RQM）是一个协作性的、基于 Web 2.0 的全生命周期质量管理平台。它在软件开发的整个生命周期之内，提供了从测试需求管理、测试规划、测试用例设计、测试执行、测试评价和缺陷管理等整个测试生命周期管理方法。它建立在 Jazz 平台的基础之上，允许团队成员（包括管理员、测试设计师、测试经理、测试人员以及实验室管理员等）无缝共享信息，使用自动化加速项目进度，为项目管理收集指标和发布决策，实现了质量驱动的软件交付能力，帮助确保其应用程序满足所需的业务目标。RQM 实现了跨地域的团队协作能力，能够很好地支持各种规模的测试团队，通过和 IBM Rational Test Lab Manager 进行集成，还能提供自动化的测试环境、测试资源的管理能力，包括测试资源的规划、分配和测试环境的全自动构建能力。

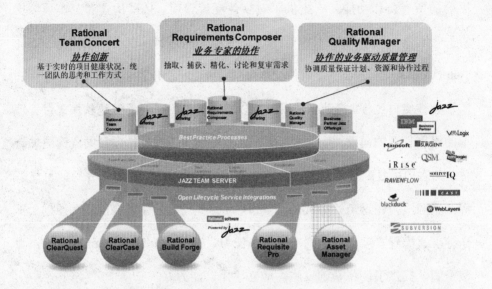

图 2.10　2008 年发布的基于 Jazz 的工具

　　IBM Rational Requirements Composer 是 Rational 基于 Jazz 平台推出的下一代需求开发管理工具。它将各种需求定义手段及需求相关人员有机地结合在一个协作平台上，帮助开发团队将软件开发生命周期当中的需求定义阶段进一步前移。务求在开发之前将需求定义清楚，减少因为需求不清晰给后续开发带来的返工、延迟等等问题。并且，它提供了项目各种利益干系人方便使用的用户界面、Web 2.0 风格的链接、标签和交谈能力，使他们可以快速完成业务流程图、界面草图、故事板、用例图、需求文档、词汇表等需求开发工作，使非 IT 背景的客户代表等业务领域专家可以更加便捷参与需求定义过程。通过提供的一系列的需求定义技术和协作功能进行需求的引导、获取、详述、讨论和复审。

在 2009 年，IBM 还将基于 Jazz 平台推出企业报告工具、项目管理工具，以及完成众多现有 Rational 产品的 Jazz 化过程，目前已经完成了 ClearCase、ClearQuest 和 BuildForge 的 Jazz 整合能力，如图 2.11 所示。

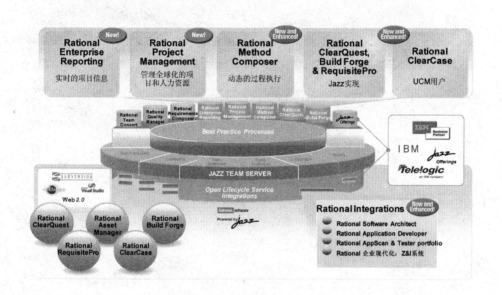

图 2.11　2009 年基于 Jazz 平台的工具

让我们一起畅想未来基于 Jazz 的软件开发平台：基于 Jazz，企业可以自由选择各种组件化的软件交付产品和流程，其中既可以包括各种商业组件，例如来自 IBM Rational 的需求管理、架构管理、安全保障、质量保证、项目管理、配置和变更管理及构建管理等组件，也可以包括客户自己定制开发的各种功能组件，它们以服务组件的方式，通过 Jazz 提供的统一企业服务总线和数据管理能力，组成了灵活的、可扩展的企业软件交付生产线，实现企业软件交付业务流程，如图 2.12 所示。

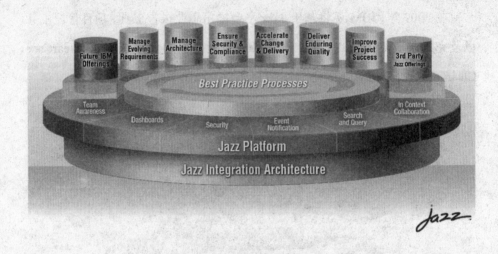

图 2.12　Jazz 平台的未来

2.4　小结

Jazz 平台凝聚了 IBM 多年的软件工程研究成果,它是业界最先进的软件交付 2.0 平台,包含了最新的软件工程思想。本章从架构的角度,向您展现了 Jazz 平台如何基于业界标准 OSGi、REST 等,实现可扩展的组件架构模式,实现基于 Internet 的软件交付全生命周期管理平台。从发展的角度,向您详细说明了 Jazz 平台如何站在软件交付 1.0 时代的肩膀之上,提供核心存储库,实现全生命周期的可追踪性;提供智能的流程感知能力,确保团队能够基于统一主旋律密切协作;提供 Web 2.0 的众多功能,保证整个软件开发团队自由的交流协作。

本章的主要知识点包括：

- [ ] Jazz 的理念和核心能力。

- [ ] 什么是 OSGi：Jazz 如何实现可扩展的组件架构模式，实现可拔插的组件开发模式。

- [ ] 什么是 REST：Jazz 如何实现基于 Internet 的全生命周期服务整合平台。

- [ ] 什么是开放的生命周期协作服务：它提供标准应用生命周期（ALM）资源的 XML 描述，提供了一个联合开发、共享供应商无关的服务规格说明的场所。

- [ ] 如何基于 Jazz 平台开发新的生命周期服务组件。

- [ ] Jazz 的现状与未来。

第 3 章　走进团队音乐会

"既不是最强的，也不是最聪明的，而是最能适应变化的生存了下来。"

——达尔文

走进软件交付 2.0 的世界，IBM Rational 为业界提供了第一款 2.0 的软件交付平台 Rational Team Concert（团队音乐会，RTC），它基于 Jazz 平台为开发团队提供了基于上下文进行实时的团队协作、自动化的任务和工件流转、建立全生命周期的可追踪性，透明的团队开发流程、计划、记录文档和报告等功能，它具备了 2.0 时代软件交付平台的典型特征。

团队音乐会的名字起的形象极了！下面让我们来对比一下真的音乐会和 RTC 的相似之处。

3.1 无地域限制的软件交付舞台

想一想是什么使整个音乐会能够按部就班，乐队中的每个人能够各司其职，默契协作呢？是明亮的舞台和乐谱。

明亮的舞台为乐队中的音乐家默契协作提供了基本的协作空间和环境。RTC 基于 Jazz 的协作能力，为整个软件交付团队提供了一个没有地域限制的虚拟世界的舞台。使团队成员无论身在何处，都像身处同一舞台，实现彼此的密切协作。在 RTC 的舞台上，通过各种 Web 2.0 的创新技术的应用，团队中的每个人都能够非常方便地了解整个开发团队的组织结构（Team Awareness），了解团队中每个人的角色和职责分工及任务分配状况，实时了解整个团队的工作进度和其他人的工作状况（虚拟世界中眼睛的能力）；通过 Feeds、Wiki，Blogs 等服务，当存储库中被关心的对象数据变化后（例如源代码发生变更、工作项状态发生变化等），Feeds 服务会主动根据订阅记录进行广播，让给所有相关开发人员能够在最短的时间内掌握最新动态，实现高效协作沟通和响应。通过与即时通信工具（例如 Jabber、Lotus Same、Goggle Talk 等）集成、开发流程的动态执行、工作任务和工件的自动流转，实现了开发环境中在线提示和实时通信的能力，可以通过谈话窗口发送各种 Jazz 对象链接（例如变更集、工作项等），在实际工作环境中实现有上下文关系的快速团队沟通与协作（虚拟世界中耳朵和嘴巴的能力）。

一场现代音乐会离不开技术的进步和创新。参观过首都音乐厅的人恐怕无不对其自动化水平和各种舞台技术的创新而瞠目。除了舞台的自动化以外，各种乐器也可以说是每个音乐家手中的自动化工具。否则，再伟大的音乐家也只能巧妇难为无米之炊。灯光布景等的自动化控制技术，都会为音乐会的精彩程度提供支持。

基于 Jazz 平台的创新技术，RTC 获得了数据的集中存储能力、流程感知能力、团队感知能力和协作能力，同时提供了各种基于 Web 2.0 创新技术的订阅、查询等服务的实现。在此基础上，RTC 实现了配置管理、工作项管理、构建管理、项目规划和报告五大核心能力。基于这些能力，在不同角色和工作环节间，工作任务能够进行自动流转，工件信息能够自动传递，工作数据和过程得以自动记录、自动收集和汇报，全生命周期的可追踪性得以自动建立。如图 3.1 所示为 RTC 的主要功能模块。

图 3.1　构成 RTC 的主要功能模块

综上所述，RTC 为软件交付团队提供了统一的团队协作开发平台，实现了软件交付全生命周期中的人、流程、项目和工具的整合。IBM 院士 Grady Booch 曾讲过，RTC 与 IBM Rational Jazz 平台，通过降低并减少团队中的许多日常行为，有助于提供一个"无阻力的开发平台"。应用 RTC 与 Scrum 等敏捷过程模板，为什么能克服许多困难原因中的一个方面，就是它能将敏捷计划与追踪开发工作进行融合。目前，如果您正使用当下流行的敏捷计划工具，您就不得不在敏捷计划工具与集成开发环境（IDE）之间不断切换，以定位工作，完成并报告它的进度。通过融合这些操作及其他的一些活动，RTC 提供了更大的可操控性、可追踪性、过程感知能力和团队协作，并且所有这些都集中于一个平台下，从而有助于提高开发效率及软件交付。

基于 Jazz 的软件交付 2.0 协作平台，RTC 不但在软件交付团队的协作、自动化水平的提高和透明地管控等许多方面，都带给最终用户以全新的感受，而且还为目前流行的敏捷开发提供了整合的工作平台。

3.2　团队音乐会主要场景说明

在后面的章节里，我们以一个虚拟的软件企业（SmartProject）为例，详细介绍该企业的某个产品项目团队在 RTC 软件协作开发平台上，遵循敏捷软件开发过程 Scrum，开发该产品一个新版的完整生命周期，展示 RTC 拥有的强大软件开发协作能力。

SmartProject 公司是我国国内一家专业软件公司，拥有大约 200 名员工，专注于面向中小型企业管理商业软件的开发工作。该公司规模虽小，但在软件开发过程和开发平台方面非常注意与国外成熟的软件开发技术接轨，旨在通过不断改进团队的软件交付能力，提高企业的核心竞争力；SmartProject 公司自 2005 年成立之初，就采用业界流行的敏捷开发过程 Scrum 进行软件开发，在软件开发工具方面，采用 Eclipse, CVS, Jira 等开源工具；2008 年 3 月，SmartProject 公司的软件工程专家注意到由 Eclipse 项目小组与 IBM 相关部门经过多年研发的 Jazz 平台和敏捷软件开发平台 RTC 在 jazz.net 社区网站上发布，他们经过仔细评估，决定从开源工具转向 RTC 软件开发平台。经过近两年的试用和推广，公司内部的所有项目组均采用 RTC 进行软件开发工作。

SmartProject 公司开发的灵巧项目管理软件 SmartProject v1.0 是基于 B/S 的三层架构应用软件，该软件自 2008 年 12 月首次投放市场以来，就受到了中小型企业广泛欢迎。为了满足客户不断提出的新需求，项目组决定在未来 4 个月内基于 v1.0 版本进行新版的开发工作，预计在 2009 年第二季度发布 v2.0 版本。

SmartProject v2.0 项目团队由 8 名成员构成，其中项目产品负责人 1 名、Scrum 主管 1 名、其他 Scrum 团队成员共 6 人。他们采用 Scrum 敏捷开发过程，开发平台采用 IBM Rational Team Concert v1.0.1.1（中文版），这是一个端到端的开发平台，开发团队的需求管理、工作计划与跟踪、配置管理、工作管理、构建管理等都由 RTC 提供支撑功能。

作为一个生命周期服务整合平台，Jazz 为 SmartProject v2.0 项目团队提供了团队上下文中实时协作能力和治理过程的定义及执行能力。实时协作能力能够为团队提供了透明的工作环境，使得团队中每个人都能够实时、方便地知道"谁、在何时、干什么、为什么"，有效加强团队协作，打造高效团队。而基于治理流程的定义及执行能力，开发团队首先可以基于自身项目特点，选择合适的开发方法 Scrum。然后，基于 Jazz 平台内置的 Scrum 过程模板进行简单定制，教会 Jazz 如何执行 Scrum 开发过程，从而指挥整个团队，通过有效的分工协作，完成开发任务。

如图 3.2 所示，基于 Jazz 平台治理流程的定义及执行能力，SmartProject v2.0 项目团队使用 RTC，方便定义出敏捷开发团队的开发流程。图中的数字为本书中讲解相应内容的章节号。

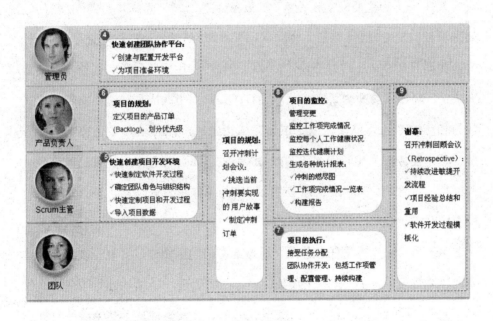

图 3.2　在 Jazz 平台上实现软件的敏捷开发

基于流程定义，整个软件交付生命周期主要包括以下六项主要活动：

（1）由管理员创建与配置整个 RTC 开发平台，为项目准备基本协作开发环境。

（2）由产品负责人定义项目的产品订单，并基于利益干系人和业务的具体要求，划分优先级。由 Scrum 主管在 RTC 环境中，快速创建 SmartProject v2.0 项目，并快速地选择已定义好的 Scrum 开发过程，并根据自己管理特色和项目具体特点进行简单定制。在 RTC 中，确定每个团队成员的角色、权限和整个项目的组织结构，并导入必须的项目数据，完成整个项目团队环境的准备工作。

（3）在召开冲刺规划会议之前，产品负责人要首先将制定好的产品订单录入 RTC，并和主要利益干系人、Scrum 主管一道，考虑项目的刚性需求，制定项目的发布规划，包括主要冲刺和里程碑。然后，由产品负责人和 Scrum 主管共同召开 Sprint 规划会议。在规划会议中，由团队讨论，最终产品负责人决定，确定当前冲刺要完成的产品订单。并由团队成员通过自组织的方式认领相应的产品订单项，制定出为完成指定的产品订单项要进行的任务分解。每个任务的工作时间不应超过 16 小时，而且任务本身应该是可分配、可度量、可管理。Scrum 主管使用 RTC 的工作项管理功能，将指定任务分配给团队成员。

（4）团队成员接受任务分配，通过紧密的团队协作，开展开发工作。这期间团队将使用 RTC 完成工作项管理、配置管理、持续构建等团队协作工作。整个过程中，RTC 将基于预定义的过程，启发式地提示整个团队执行指定的开发过程任务。

（5）在整个项目执行过程中，Scrum 主管将通过 RTC 管理变更、监控工作项的完成情况、监控每个人工作健康状况、监控迭代健康状况，同时生成各种统计报表，包括冲刺的燃尽图和工作项的完成情况一览表和构建报告等，对整个项目进度和健康状况实现实时可见性。

（6）在每个冲刺结束时，Scrum 主管会组织召开冲刺回顾会议，讨论在过去的冲刺过程中，哪些过程工作得好，哪些需要改进，以实现敏捷开发过程的持续改进。如果团队一致认为某个过程运作的非常好，管理员可以帮助团队将这一过程转变成为新的软件开发过程模板，从而固化团队的最佳实践和经验教训。

在此，想特别说明的是，Jazz 平台和 RTC 工具本身是平台中立的，它支持各种开发过程的自动化执行。如图 3.3 所示，即使企业采用的是传统的瀑布开发模型，基于 Jazz 平台治理流程的定义及执行能力，我们同样可以方便定义出适合开发团队的瀑布模型，为整个团队提供全生命周期的协作开发管理能力。在下一节我们会对 RTC 的开发过程支持能力进一步介绍。

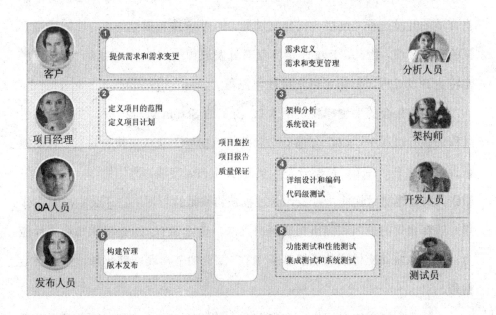

图 3.3　在 Jazz 平台上实现软件交付的瀑布模型

3.3　音乐会的主旋律——Scrum 方法简介

在乐队中，乐谱使团队中的每个人明确：谁、在什么时间、演奏什么、前后的曲子都是什么；在软件开发团队中，是软件开发流程定义了开发团队中的谁、在什么时间，做什么事情，以及输入和输出。RTC 被设计可以理解并支持各种类型的开发过程，包括从小型的敏捷（Agile）风格的项目，到大型的并带有复杂遵从需要的企业级项目。具体操作时，开发团队既可以实现用 RTC 内置的目前流行的开发过程方法模板，像敏捷开发过程、Eclipse Way、Scrum，OpenUP 等，也可以根据自身项目管理的特点为自己量身定制出合适的开发过程（包括迭代开发过程、RUP 或瀑布模型等），能够适应不同的企业环境。因此，Jazz 平台本身对开发过程的支持是中性的，它没有绑定特定开发过程，但却可以支持任何流程。

本场音乐会的主旋律将采用 RTC 内置的 Scrum 过程模板。在软件交付过程的执行过程中，RTC 会基于它启发式的指导团队成员执行过程，自动地预告流程的下一环节，帮助开发人员基于 Scrum 方法，密切协作，减少发生错误，高效地交付软件。当 Scrum 过程被错误地执行时，它还会主动发生作用，解释错误的原因和提出相应解决办法。正是 RTC 的流程感知和执行能力，使整个软件交付团队能够基于 RTC 演奏的节奏而翩翩起舞，不断创造精彩。

卜面我们将详细介绍作为本音乐会主旋律的 Scrum 方法，以方便大家更好地理解整个团队的协作过程。

术语 Scrum 来源于橄榄球活动，在英文中的意思是橄榄球里的争球。在橄榄球比赛中，双方前锋站在一起紧密相连，当球在他们之间投掷时，他们奋力争球。1995 年，在奥斯汀举办的 OOPSLA '95 上，萨瑟兰和施瓦伯首次提出了 Scrum 概念，并在随后的几年中逐步将其与业界的最佳实践融合起来，形成一种迭代式增量软件开发过程和敏捷项目管理方法，并在 2001 年敏捷联盟（Agile Alliance）形成后受到了更多欢迎。

Scrum 是一种灵活的软件管理过程，它提供了一种经验方法，可以帮助你驾驭迭代，实现递增的软件开发过程。这一过程是迅速、有适应性、自组织的，它发现了软件工程的社会意义，使得团队成员能够独立地集中在创造性的协作环境下工作。

Scrum 采用了经验方法，承认问题无法完全理解或定义，关注于如何使得开发团队快速推出和响应需求能力的最大化。因此，Scrum 的一个关键原则就是承认客户可以在项目过程中改变主意，变更他们的需求，而预测式和计划式的方法并不能轻易地解决这种不可预见的需求变化。

Scrum 作为软件开发过程框架，它包含的主要最佳实践包括以下几个方面。

迭代式软件开发：通过将整个软件交付过程分成多个迭代周期，帮助团队更好地应对变更，应对风险，实现增量交付、快速反馈。

两层项目规划（Two-Level Project Planning）：基于远粗近细的原则和项目渐进明细的特点，通过将概要的项目整体规划和详细的近期迭代计划有机结合，帮助团队有效提高计划的准确度、资源管理能力和项目的按时交付能力。

整体团队协作（Whole Team）：通过关注保持整个团队可持续发展的

工作节奏、每日站立会议和自组织的工作分配,实现团队的高效协作和工作,实现提高整个团队生产力的目的。

持续集成:通过进行更频繁的软件集成,实现更早的发现和反馈错误、降低风险,并使整个软件交付过程变得更加可预测和可控,以交付更高质量的软件。

Scrum 是一个包括了一系列实践和预定义角色的过程框架。任何软件开发过程框架都可以由最基本的三个要素组成:角色(人)、活动及其输入输出的工件。Scrum 框架主要包括以下内容:

- ❑ 角色;
- ❑ 产品负责人(Product Owner);
- ❑ Scrum主管(Scrum Master);
- ❑ 团队成员;
- ❑ 活动;
- ❑ 冲刺规划会议(Sprint Plan Meeting);
- ❑ 每日站立会议(Scrum Daily Meeting);
- ❑ 冲刺复审会议(Sprint Review Meeting);
- ❑ 冲刺回顾会议(Sprint Retrospective Meeting);
- ❑ 工件;
- ❑ 产品订单(Product Backlog);
- ❑ 冲刺订单(Sprint Backlog);
- ❑ 燃尽图(Burndown Chart);
- ❑ 新的功能增量。

下面我们就从角色、活动和工件三个维度对整个 Scrum 过程进行简单介绍。

3.3.1　Scrum 中的角色

Scrum 定义了许多角色，根据猪和鸡的笑话可以分为两组，猪和鸡。

一天，一头猪和一只鸡在路上散步。鸡看了一下猪说："嗨，我们合伙开一家餐馆怎么样？"。猪回头看了一下鸡说："好主意，那你准备给餐馆起什么名字呢？"。鸡想了想说："餐馆名字叫火腿和鸡蛋怎么样？"。"我不这么认为"，猪说，"我全身投入，而你只是参与而已"。

"猪"角色：是全身投入项目和 Scrum 过程的人，主要包括代表利益干系人的产品负责人，同项目经理类似的 Scrum 主管和开发团队。

产品负责人（Product Owner）：代表了客户的意愿，这保证 Scrum 团队在做从业务角度来说正确的事情。同时他又代表项目的全体利益干系人，负责编写用户需求（用户故事），排出优先级，并放入产品订单（Product Backlog），从而使项目价值最大化的人。他利用产品订单，督促团队优先开发最具价值的功能，并在其基础上继续开发，将最具价值的开发需求安排在下一个冲刺迭代（Sprint）中完成。他对项目产出的软件系统负责，规划项目初始总体要求、ROI 目标和发布计划，并为项目赢得驱动及后续资金。

Scrum 主管（Scrum Master）：负责 Scrum 过程正确实施和利益最大化的人，确保它既符合企业文化，又能交付预期利益。Scrum 主管的职责是向所有项目参与者讲授 Scrum 方法，正确的执行规则，确保所有项目相关人员遵守 Scrum 规则，这些规则形成了 Scrum 过程。Scrum 主管并非团队的领导（由于他们是自我组织的），他的主要工作是去除那些影响团队交付冲刺目标的障碍，屏蔽外界对开发团队的干扰。"Scrum 主管是保证 Scrum 成功的牧羊犬"。

开发团队：负责找出可在一个迭代中将产品待开发事项（冲刺订单）转化为功能增量的方法。他们对每一次迭代和整个项目共同负责，在每个冲刺中通过实行自管理、自组织，和跨职能的开发协作，实现冲刺目标和最终交付产品。一般由 5～9 名具有跨职能技能的人（设计者，开发者等）组成。

"鸡"角色：并不是实际 Scrum 过程的一部分，但是必须考虑他们。 敏捷方法的一个重要方面是使得用户和利益所有者参与每一个冲刺的评审和计划并提供反馈。

用户：软件是为了某些人而创建！就像"假如森林里有一棵树倒下了，但没有人听到，那么它算发出了声音吗"，"假如软件没有被使用，那么它算是被开发出来了么？"。

利益所有者（客户，提供商）：影响项目成功的人，但只直接参与冲刺评审过程。

经理：为产品开发团体架起环境的那个人。

如图 3.4 所示为 Scrum 方法中的主要角色。

3.3.2 Scrum 活动

Scrum 的活动主要由冲刺规划会议（Sprint Plan Meeting）、每日站立会议（Sprint Daily Meeting）、冲刺复审会议（Sprint Review Meeting）和冲刺回顾会议（Retrospective Meeting）组成。Scrum 提倡所有团队成员坐在一起工作，进行口头交流，以及强调项目有关的规范（Disciplines），这些有助于创造自我组织的团队。

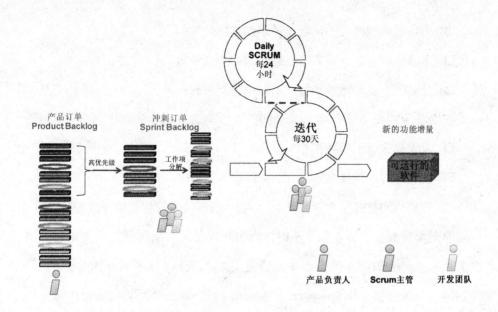

图 3.4　Scrum 方法中的主要角色

冲刺规划会议：冲刺开始时，均需召开冲刺规划会议，产品负责人和团队共同探讨该冲刺的工作内容。产品负责人从最优先的待开发事项中进行筛选，告知团队其预期目标；团队则提出在接下来的冲刺内，评估预期目标可实现的程度。冲刺规划会议一般不超过 8 小时。在前 4 个小时中，产品负责人向团队展示最高优先级的产品，团队则向他询问产品订单的内容、目的、含义及意图。而在后 4 小时，团队则计划本冲刺的具体安排。

每日站立会议：在冲刺中，每一天都会举行项目状况会议，被称为 Scrum 或 "每日站立会议"。每日站立会议有一些具体的指导原则：

❑ 会议准时开始。对于迟到者团队常常会制定惩罚措施（例如罚款、做俯卧撑、在脖子上挂橡胶鸡玩具等）。

❑ 欢迎所有人参加，但只有 "猪" 类人员可以发言。

- 不论团队规模大小，会议被限制在15分钟。

- 所有出席者都应站立（有助于保持会议简短）。

- 会议应在固定地点和每天的同一时间举行。

在会议上，每个团队成员需要回答三个问题：

- 今天你完成了哪些工作？

- 明天你打算做什么？

- 完成你的目标是否存在什么障碍？（Scrum主管需要记下这些障碍）

冲刺复审会议：一般 4 个小时，由团队成员向产品负责人向其他利益相关人展示 Sprint 周期内的产品开发情况，并决定下一次 Sprint 的内容。

冲刺回顾会议（**Retrospective Meeting**）：每一个冲刺完成后，都会举行一次冲刺回顾会议，在会议上所有团队成员都要反思这个冲刺。举行冲刺回顾会议是为了进行持续过程改进。会议的时间限制在 4 小时。

如图 3.5 所示表示 Scrum 方法中的主要活动和交付件。

3.3.3　Scrum 工件

产品订单：产品订单（Product Backlog）是整个项目的概要文档，它包含已划分优先等级的、项目要开发的系统或产品的需求清单，包括功能和非功能性需求及其他假设和约束条件。产品负责人和团队主要按业务和依赖性的重要程度划分优先等级，并做出预估。预估值的精确度取决于产品订单中条目的优先级和细致程度，入选下一个冲刺的最高优先等级条目的预估会非常精确。产品的需求清单是动态的，随着产品及其使用环境的变化而变化，并且只要产品存在，它就随之存在。而且，在整个产品生命周期中，管理层不断确定产品需求或对之做出改变，以保证产品适用性、实用性和竞争性。

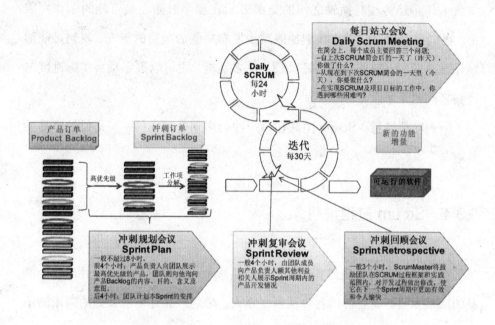

图 3.5　Scrum 方法中的主要活动和交付件

冲刺订单：冲刺订单（Sprint Backlog）是大大细化了的文档，用来界定工作或任务，定义团队在 Sprint 中的任务清单，这些任务会将当前冲刺选定的产品订单转化为完整的产品功能增量。冲刺订单在冲刺规划会议中形成，其包含的不会被分派，而是由团队成员签名认领他们喜爱的任务。任务被分解为以小时为单位，没有任务可以超过 16 个小时。如果一个任务超过 16 个小时，那么它就应该被进一步分解。每项任务信息将包括其负责人及其在冲刺中任一天时的剩余工作量，且仅团队有权改变其内容。

燃尽图：燃尽图（Burndown Chart）是一个公开展示的图表，纵轴代表剩余工作量，横轴代表时间，显示当前冲刺中随时间变化而变化的剩余工作量（可以是未完成的任务数目，或在冲刺订单上未完成的订单项的数目）。剩余工作量趋势线与横轴之间的交集表示在那个时间点最可能的工作完成量。我们可以借助它设想在增加或减少发布功能后项目的情况，我们可能缩短开发时间，或延长开发期限以获得更多功能。它可以展示项目实际进度与计划之间的矛盾。

新的功能增量： Scrum 团队在每个冲刺周期内完成的、可交付的产品功能增量。

3.3.4　Scrum 过程说明

在 Scrum 项目管理过程中，一般产品负责人获取项目投资，并对整个产品的成功负责。他会协调各种利益干系人，确定产品订单中初始的需求清单及其优先级，完成项目的商业价值分析和项目整体规划，并任命合适的 Scrum 主管开展项目工作。如图 3.6 所示表示 Scrum 方法的全景图。

在 Scrum 软件开发项目中，每个冲刺就是一个为期 30 天的迭代。在每个冲刺开始时，产品负责人和 Scrum 主管通过召开冲刺规划会议和"两层项目规划"的最佳实践，制定冲刺订单（类似于迭代计划），明确将在本次冲刺中实现的需求清单，相应的工作任务和负责人。在每个冲刺迭代中，团队强调应用"整体团队协作"的最佳实践，通过保持可持续发展的工作节奏和每日站立会议，实现团队的自组织、自适应和自管理，高效完成冲刺工作。在每个冲刺结束时，团队都会召开冲刺复审会议，团队成员会在会上分别展示他们开发出的软件（或其他有价值的产品），并从产品负责人和其他利益干系人那里，得到反馈信息。

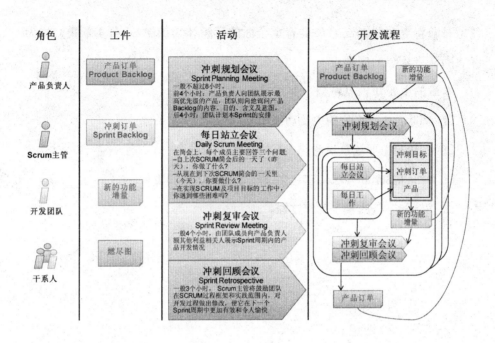

图 3.6　Scrum 方法全景图

　　在冲刺复审会议之后，团队会自觉召开冲刺回顾会议，回顾整个项目过程，讨论那些方面做得好，哪些方面可以改进，实现软件交付过程的持续、自发的改进。

3.4　小结

　　本章带领各位一起走进了团队音乐会的舞台（RTC），参观了音乐会的主角 SmartProject 2.0 团队，说明了作为团队协作主旋律的 Scrum 敏捷项目管理方法和过程，详细说明了 Scrum 方法中涉及的主要角色、活动和工件，使您对即将上演的 Jazz 音乐会有个全面的了解和知识储备。第 4 章我们将为奏响团队音乐会的序曲。

本章的主要知识点包括：

❑ 团队音乐，RTC的主要功能简介；

❑ 音乐会主要场景说明；

❑ 什么是Scrum方法，它包含哪些角色、活动和工件；

❑ Scrum方法的整个工作过程。

第4章 团队音乐会序幕：团队协作平台的快速创建

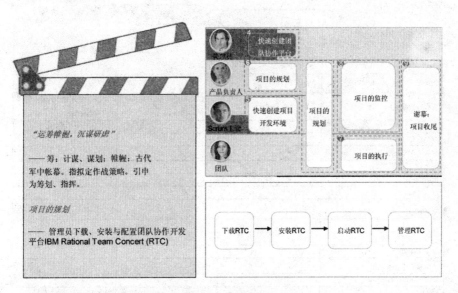

"运筹帷幄，沉谋研虑"

—— 筹：计谋、谋划；帷幄：古代军中帐幕。指拟定作战策略。引申为筹划、指挥。

项目的规划

—— 管理员下载、安装与配置团队协作开发平台IBM Rational Team Concert (RTC)

RTC 采用了一种新型的商业软件开发模式，通过社区（jazz.net）让广大用户能够参与到 RTC 软件开发过程中来。社区用户还可以通过社区与开发团队进行交互，掌握新版本的开发进展与状态，向开发团队询问问题或者提交缺陷、新需求等。社区用户也还可以下载和试用正式的发布版本（Releases），或者是开发过程中发布的里程碑版本（Milestones）、Beta 版本等。

目前 RTC 有 3 种版本（Editions），分别是社区版（Express-C）、快捷版（Express）和标准版（Standard）。面向企业级的企业版（Enterprise）将在 2009 年底前推出。RTC 除了支持 Windows 和 Linux 操作系统（由于基于 Java 开发，其实也支持 Unix 环境）外，还支持 IBM i/z 操作系统的 RPG、COBOL 等开发环境。RTC 这些版本的基本功能是一样的，但后面版本会比前面版本支持更多的用户数、支持更广泛的中间件环境和具有更多定制和报表功能，如图 4.1 所示。

	Express-C	Express	Standard
Rational Team Concert	社区与个人	部门级	企业级开发团队
每台服务器支持的最大用户数	10 total	50	250
支持的数据库及应用服务器	Tomcat, Derby	DB2/DB2E, SQLServer, Oracle, Tomcat, WebSphere	DB2/E, SQLServer, Oracle, Tomcat, Websphere
SCM, 工作项，构建	✓	✓	✓
敏捷项目计划	✓	✓	✓
集成Subversion	✓	✓	✓
服务器层的权限控制	✓	✓	✓
LDAP认证	✓	✓	✓
开发过程定制	✓		
仪表板	每个项目有1个	每个项目有1个	无限制
支持浮动许可证			✓
报表			✓
定制工作项的工作流程			✓
基于角色的权限控制			✓
ClearCase/ClearQuest连接器			✓
LDAP导入			✓
支持标准的HTTP Proxy Server			✓

图 4.1　RTC 三种版本的功能比较

RTC 能够支持多种客户端类型，包括 Web 2.0 客户端、Eclipse 客户端（插件）和 VS.NET 客户端插件（插件）。得益于 Jazz 平台的开放性，RTC 还能够与 Jazz 平台的各种软件进行紧密地集成，同时它也能够与一些第三方产品，如 Microsoft SharePoint、 Mainsoft 等软件系统集成。

在本书中，我们以 RTC 的第一个中文版即 RTC v1.0.1.1 标准版为例，来介绍如何从零开始构建一个 RTC 平台，并以开发 SmartProject 2.0 为例，详细介绍如何采用该平台进行相关的软件开发与交付工作。

4.1　从网络社区下载 RTC

在 jazz.net 下载 RTC 之前，需要在该社区注册一个账号（在首页点击 Register now!登记个人信息进行注册），成为 jazz.net 社区用户。注册成功后，需要使用新账号登录社区，并点击进入"下载"区域（即 https://jazz.net/ downloads/）。在该区域，可以下载 RTC 最新版本，也可以下载 RTC 以前版本，包括正式版、里程碑版本和 Beta 版。

不管是哪个版本，RTC 都提供了两种打包方式，即 Zip 和 Installation Manager。前者无需安装，解压后即可以使用（已经打包并配置好 Tomcat 和 Derby）；后者则需要通过 IBM 标准安装软件 IBM Installation Manager（已包含在安装包中）进行安装，可以安装部署在各种应用服务器和 RDBMS 上。

下面以下载 ZIP 打包方式为例说明下载以下多个安装包。

❑ RTC 标准版客户端: Client for Eclipse IDE（ZIP），包名字为 RTC-Client-1.0.1.1GA-Win.zip。该包包含了 RTC Eclipse 客户端软件，已经配置好，无需常规安装操作，解压后即可使用。

❑ RTC 标准版服务器端: Server （ZIP），包名字为 RTC-Standard-Server-

1.0.1.1GA-Trial-Win.zip。里面包含了 Tomcat 应用服务器、Derby 数据库、Jazz Team Server 以及 RTC 服务器端软件（Jazz 平台的插件）。该包已经配置好，无需常规安装操作，解压后即可使用。

❑ RTC 标准版构建工具包：Build System Toolkit（ZIP），包名字 RTC-BuildSystemToolkit-1.0.1.1GA-Win.zip。该包也是配置好，无需进行常规的安装操作，解压后即可使用。

4.2 安装 RTC

完成三个压缩文件的下载之后，将它们解压在同一个目录，例如 C:\RTC 目录，解压后形成的路径结果如图 4.2 所示。实际上，RTC 服务器、RTC 构建服务器和 RTC 客户端可以安装在不同的机器上。为了简单起见，我们都把它们安装在同一台机器上。

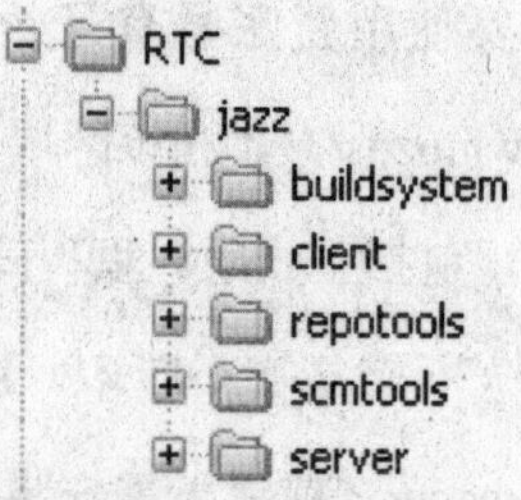

由于 ZIP 打包方式的 RTC 服务器、构建服务器和客户端都是配置好后才打包的，因此它们在解压完成后即可运行。通过这种方式部署的 RTC 服务器内置了开源应用服务器软件 Tomcat Application Server 和开源数据库管理软件 Derby。主要的启动文件如下：

图 4.2　解压后的路径

❑ 启动 RTC 服务器：C:\RTC\jazz\server\server.startup.bat

❑ 关闭 RTC 服务器：C:\RTC\jazz\server\server.shutdown.bat

❑ 启动 RTC 客户端：C:\RTC\jazz\client\eclipse\TeamConcert.exe

❏ 启动 RTC 构建服务器：C:\RTC\jazz\buildsystem\buildengine\eclipse\ jbe.exe

由于 DEBY 本身的限制，最多支持 10 个用户，适合小团队内使用。如果希望把 RTC 安装在其他环境，如应用服务器 WebSphere Application Server、RDBM 系统（如 Oracle、DB2、Microsoft SQL Server 等），则需要下载与安装 Installation Manager 的打包方式，并且安装安装手册上的指引进行安装、配置。

RTC 安装包内置了临时的 60 天许可证，从安装之日起，在 60 天后许可证会过期。许可证过期后，RTC 客户端连接 RTC 服务器后，不能查看和修改存储库的对象。但在安装 IBM 正式许可证后，或者将数据库连接在其他正常运行的 RTC 服务器上，存储库的数据又可以正常使用了。

4.3 安装 RTC 相关配套软件（可选）

RTC 是一款协作式的敏捷软件开发平台，它支持即时通信工具（例如 Google Talk、Sametime 7.5.1/Notes8 和 Jabber XMPP Server 等）。通过与即时通信工具的紧密集成，让分布式的开发团队与人员能够高效进行开发协作。另外，RTC 提供邮件通知功能，通过与 SMTP 邮件服务器的集成来发送提醒信息。

Jabber 是一款非常简单的即时通信服务器软件，它也是一种开源软件。本文以 Jabber 服务器为例，构建一个简单的即时通信服务器，并配置与 RTC 的集成。大家可以通过互联网络（http://www.igniterealtime.org/downloads/index.jsp）下载 Jabber 即时通信工具的服务器包安装软件，即 openfire_3_6_0a.exe。安装很简单，完成后运行 openfire.exe 程序即可以运行使用。

对于与 SMTP 服务器的集成，大家可以从互联网上下载开源的 SMTP 服务器（如：Mercury/32 Mail Transport System 等），也可以使用企业内已有的 SMTP 环境。本文着重介绍与使用这部分的功能。

4.4　启动 RTC 服务器环境

从前面可以看到，RTC 的服务器环境至少包含三部分：RTC 服务器、Jabber 即时通信服务器和构建服务器。由于构建服务器需要根据具体项目的数据进行配置，所以要在后面的章节中单独介绍如何进行构建与启动构建服务器。本节着重介绍如何启动 RTC 服务器和 Jabber 即时通信服务器。

4.4.1　启动 RTC 服务器

执行 server.startup.bat 命令启动 RTC 服务器，按照顺序启运的进程，包括 Tomcat 与 Derby 服务、Jazz Team Server 和 RTC 进程。RTC 服务器在启动时会打开命令行执行窗口，启动后出现如图 4.3 所示的输出窗口。

4.4.2　启动 Jabber 服务器

从程序菜单中，启动 Openfire 程序，即可快速启动 Jabber 即时通信服务器，启动后的工作界面如图 4.4 所示。Jabber 基本上无需进行配置与管理，无需预先配置好用户账号，可以直接连接访问（本书第 5.8 节会介绍如何从 RTC 客户端连接到 Jabber 即时通信服务器）。

图 4.3　RTC 服务器启动后处于就绪状态

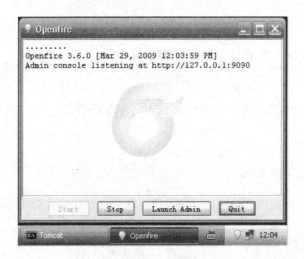

图 4.4　Jabber 启动后的管理界面

4.5　启动 RTC 客户端，并连接 RTC 服务器

RTC 服务器启动并就绪后，即可通过各种客户端对它进行存取。如果客户能够成功访问 RTC 服务器，也就说明前面的安装、配置与启动步骤是正确的。

4.5.1　使用 Web 客户端连接 RTC 服务器

在 IE 或 Firefox 浏览器，输入网址 http://localhost:9443/jazz/web，可以验证服务器安装、配置和运行是否正确。如图 4.5 所示为通过浏览器访问时 RTC 的登录页面。现在我们可以使用默认的管理员账号 ADMIN/ADMIN 进行访问，该账号在安装 RTC 服务器时就自动创建了。如果是在远程访问 RTC 服务器，需要替换 localhost 为 RTC 服务器的域名或 IP 地址。

4.5.2　使用 RTC 的 Eclipse 客户端连接 RTC 服务器

RTC 可以支持 Eclipse 环境，也可以支持 VS.NET 环境。本文仅以 RTC 的 Eclipse 客户端为例进行讲解。RTC 客户端在启动过程中会提示选择一个本地路径作为 RTC 的本地工作空间，如图 4.6 所示。当某个开发人员要修改源代码时，RTC 会把源代码数据从存储库中下载到该文件夹中。

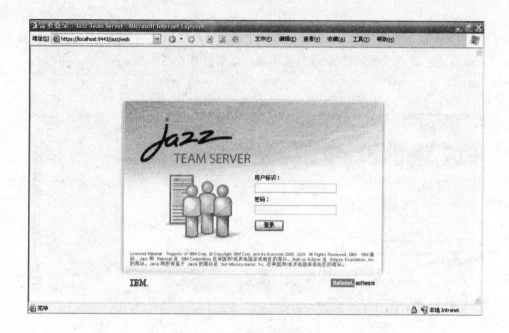

图 4.5 通过浏览器访问时 RTC 的登录页面

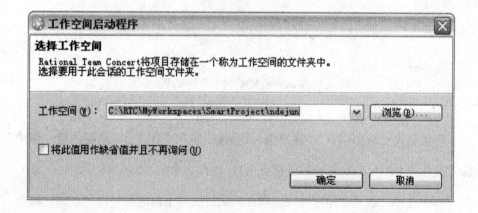

图 4.6 启动 RTC 客户端时需要选择本地工作空间（目录）

RTC 客户端启动完成后，会出现如图 4.7 所示的欢迎页面。在该页面里，

67

可以找到有关 RTC 概述、教程、样本项目等各种资源信息。关闭该页面后，将来可以通过访问"帮助 | 欢迎"菜单项，重新打开欢迎页面。

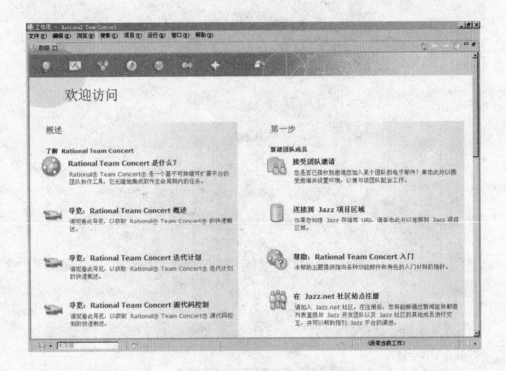

图 4.7　首次登录 RTC 时出现的欢迎页面

因为是第一次使用 RTC 客户端，在 RTC 客户端启动后，需要创建"存储库连接"，以便让 RTC 客户端连接到 RTC 的存储库中。如图 4.8 所示，在 RTC 客户端中选择"创建存储库连接"命令，就会出现下面的向导用户界面。输入服务器连接的 URI 和工作端口（9443 是默认的端口）以及用户的账号和密码，就可以建立一个 RTC 客户端访问 RTC 存储库的连接。

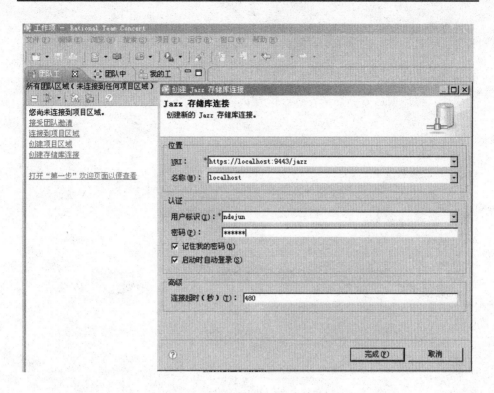

图 4.8　在 RTC 客户端创建存储库连接

4.6　RTC 客户端用户界面简介

在一个 Eclipse 环境中可以安装许多插件，因而拥有许多功能模块。像 RTC 客户端其实也是 Eclipse 环境中一个插件，我们可以通过用户界面右上角的不同按钮来切换不同功能模块的"透视图（Perspectives）"。RTC 客户端用户界面则可以通过选择"工作项"透视图进入，如图 4.9 所示。

在 RTC 的用户界面里，整个屏幕通常被划分为三个区域：左边是导航区域，包含了团队工件、团队中心、我的工作、团队组织结构等多个导航窗口；右边的上部是 RTC 对象描述的查看与编辑窗口，单击导航窗口内不同对象打开它们的描述，描述窗口就会显示在这个区域内；右边的下部则主要是查询结果显示窗口。

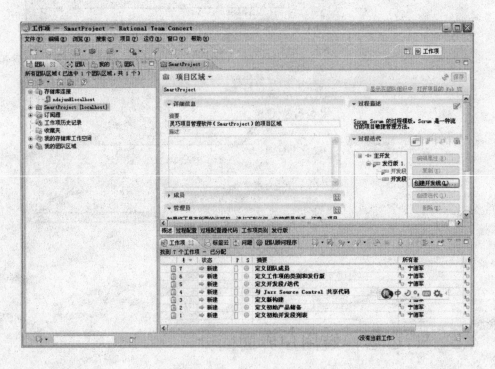

图 4.9　选择"工作项"透视图

4.7　RTC 系统管理

当使用 ADMIN 登录 RTC 的 Web 界面后，看到如图 4.10 所示的"服务器

状态摘要"信息，并且看到其中没有出现错误的状态信息警告，说明你的 RTC
服务器已经得到正确的安装配置，并且正在正确的运行。

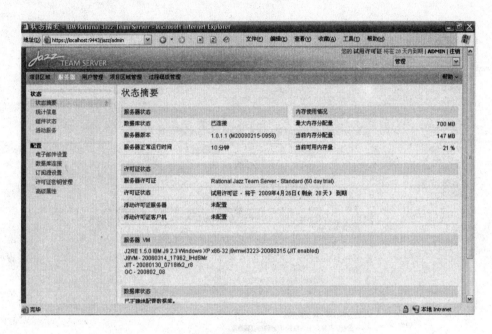

图 4.10　服务器管理用户界面

4.7.1　管理服务器

在 RTC 服务器管理栏目，可以监控服务器各个方面的运行状态和相关统计
信息。同时，也可以进行某些管理设置，如配置与 SMTP 邮件服务器的连接、
变更与 RDBMS 的连接、RSS 订阅的参数设置和其他一些高级设置。

在"许可证密钥管理"中可以看到 RTC 服务器的许可证状态。由于当前使
用的是临时许可证，界面显示该试用许可证将会在一定时间内过期（通常是 2

个月）。如果购买了 RTC 软件，IBM 公司就会发布 RTC 许可证密钥，然后从该界面导入密钥即可，如图 4.11 所示。

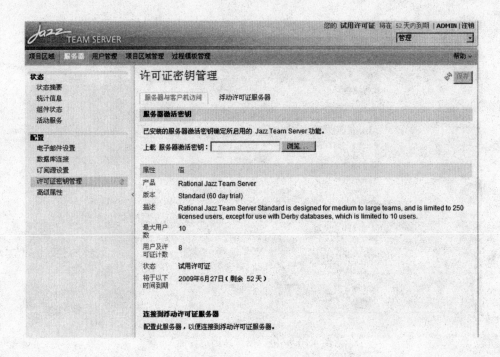

图 4.11　许可证密钥管理

4.7.2　管理用户与许可证

进入"用户管理"栏目，管理员能够对 RTC 服务器的用户以及用户相关的许可证分配进行管理。除了可以在 Web 客户端完成用户管理工作，管理员也可以通过 RTC 的客户端对服务器的用户与许可证进行管理。

下面为 SmartProject v2.0 开发团队创建所需要的账号。该团队由 8 位成员组成，他们的用户名、用户标识（登录名）、电子邮件地址定义见表 4.1。另外，我们还定义了每个账号的存储库许可权和客户访问许可证类型。

存储库许可权指的是账号在 RTC 整个存储库范围内拥有的权限，即 JazzAdmins（管理员权限）、JazzDWAdmins（数据仓库管理权限）、JazzGuests（只读权限）和 JazzUsers（可读写权限）。

客户访问许可证类型主要有三种：Contributor（一般使用 RTC 的 Web 客户端，仅能够使用 RTC 的部分功能）、Developer（能够使用 RTC 的所有功能）和 Build System（用于构建的账号）。

表 4.1　SmartProject v2.0 开发团队成员信息

用户名	用户标识	电子邮件地址	存储库许可权	客户访问许可证
宁得军	ndejun	ndejun@cn.ibm.com	JazzAdmins JazzDWAdmins JazzGuests JazzUsers	Developer
孙昕	sunx	sunx@cn.ibm.com	JazzUsers	Developer
朱育雄	zhuyux	zhuyux@cn.ibm.com	JazzUsers	Developer Build System
吴文龙	wwenlong	wwenlong@cn.ibm.com	JazzUsers	Developer
刘昀	yunliu	yunliu@cn.ibm.com	JazzUsers	Developer
李傲雷	liaolei	@cn.ibm.com	JazzUsers	Developer
杨敏强	myang	@cn.ibm.com	JazzUsers	Developer
陈大金	chendj	@cn.ibm.com	JazzUsers	Developer
build	build	ndejun@cn.ibm.com	JazzUsers	Build System

完成用户账号创建后显示的用户列表如图 4.12 所示。

IBM 公司发布的许可证密钥包含了客户许可证类型和数量。当导入密钥后，就形成一个客户许可证池，记录了每一种许可证的可用数量。我们每创建一个用户账号，并分配一个许可证，许可证数量就会随之减少。例如，分配 Developer 类型的客户许可证，则在池中 Developer 许可证数量就会自动减少一个。如图 4.13 所示为客户访问许可证管理界面，我们可以查看和分配许可证。

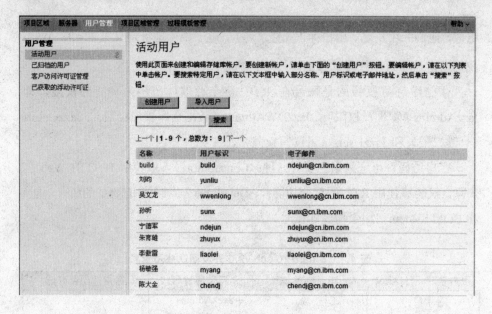

图 4.12 完成用户账号创建后显示的用户列表

图 4.13 客户访问许可证管理界面

4.8　小结

本章介绍了如何快速下载、安装和启动 RTC 及其相关组件（如构建、即时通信软件等）；如何使用 Web 客户端和 Eclipse 客户端连接 RTC 服务器；最后针对系统管理员，详细地介绍了如何管理 RTC 服务器与创建新用户和管理用户许可证等。第 5 章将向大家介绍如何在搭建好的 RTC 平台中创建项目开发环境。

本章的主要知识点包括：

❑　从哪里下载 RTC；

❑　如何安装 RTC 客户端、服务器端和构建的组件，以及配套的相关软件；

❑　RTC 服务器环境的启动；

❑　RTC 客户端的启动，如何连接 RTC 服务器；

❑　RTC 系统管理：用户管理、许可证管理等。

第 5 章　团队音乐会第一乐章：软件交付项目的快速启动

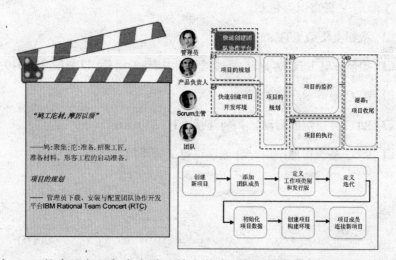

在 RTC 整个服务器与客户端环境安装完成后，系统会自动创建一个干净的 RTC 数据库（即存储库），形成一个空白的开发环境。在下面的步骤里，我们向大家介绍如何以产品负责人的身份，通过"新项目创建向导"，基于项目的过程模板创建了一个新的项目 SmartProject v2.0。向导将自动地对我们的新项目进行初始化工作，帮助我们对项目进行一些简单的配置，如创建初始的项目团队、创建过程迭代等。接着，我们再对项目进行一些必要配置，包括加入团队成员、设置成员角色、导入已有的源代码数据，以及配置构建坏境，以便准备好 SmartProject v2.0 整个软件开发环境。

5.1 基本概念

在详细地介绍创建和配置 SmartProject 的具体步骤之前，我们先来了解一些相关的基本对象的概念和相互间的关联关系。存储库基本对象的关联示意图如图 5.1 所示。

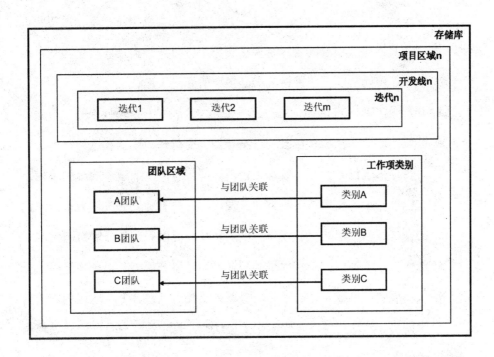

图 5.1 存储库基本对象的关联示意图

❑ 存储库（Repository）：RTC 所基于的 Jazz 平台包含了一个可扩展的存储库，它提供了一个中央的数据存储区域，所有数据对象都以项（Items）

77

的形式进行存储。在一个RTC协作开发平台中，只有一个存储库。

❑ 项目区域（Project Area）：项目区域用于在系统中表示一个软件项目，该项目区域定义了项目的工件、交付件、团队结构、过程和计划等。像SmartProject就是一个项目区域。

❑ 团队区域（Team Area）：一个项目团队的组织结构是通过一组具有层次结构关系的团队区域（一个或多个）来定义的，该团队区域管理着团队成员、角色和团队工件。

❑ 工作项类别（Work Item Category）：工作项类别用于把工作项按照你的产品模块或项目的组织结构进行分组，每一种类型与一个团队区域关联，该团队成员负责相关产品模块的开发工作。

❑ 开发线（Development Line）：一条开发线表示一个项目中的一个活动区域，该活动区域有自己的进度计划、交付件、团队和过程。例如，一个项目既包含新产品版本的开发，又包含产品旧版本的维护工作。它们可以被定义为两条不同的开发线，各自有独立的开发力量：不同的交付日期、团队、过程等。每条开发线可以进一步分解为迭代。

❑ 迭代（Iteration）：一个项目的开发周期可以分解为一组顺序排序的开发小周期，也称为"迭代"，每条开发线可以包含多个迭代构成的层次结构（即迭代可以包含多个子迭代），每个迭代有自己的开始和结束日期。

❑ 过程（Process）：过程是一系列角色、规则和指引的集合，它用于组织和控制工作流程。项目的过程在项目区域中定义，可以在它包含的团队中进一步定制。

5.2　通过向导快速创建一个新项目

在创建新项目之前，我们需要以产品负责人的身份（下面以 ndejun 用户为例进行说明）登录 RTC 客户端并创建一个"存储库连接"，把 RTC 客户端连接到 RTC 存储库。具体操作方法请参见第 4 章的相关部分说明。

通常我们通过"创建项目区域"向导快速创建一个新的项目。在创建新项目过程中，向导会基于我们选择的项目过程模板来创建并初始化新项目。

首先，我们在"团队工件"导航子窗口中，右击"存储库连接 ndejun@localhost"，在弹出的菜单中选择"新建"|"项目区域"命令，这样 RTC 客户端会打开"创建项目区域"向导工作界面（如图 5.2 所示）。在第 1 步中，输入新项目的名称 SmartProject，输入项目的简单说明信息（摘要），以及项目创建在哪一个存储库中（默认是当前本机的存储库）。然后，单击"下一步"按钮继续。

在第 2 步中，需要选择基于什么项目过程模板来创建新项目。由于这是第一次登录并创建一个新项目，系统所带的项目模板还没有进行正式部署，因此需要单击"部署模板"按钮，将系统所带的项目过程模板部署到 RTC 服务器中，如图 5.3 所示。

RTC 自带了多种项目过程模板，每种模板都定义项目的角色与权限、过程迭代、工作项类型与流程、提供给产品负责人进一步配置项目区域的指引等。默认的过程模板有下面 5 个。

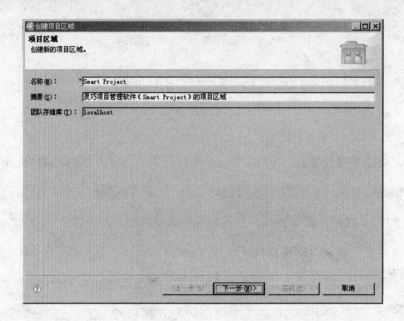

图 5.2　创建项目区域的第 1 步工作界面：输入项目基本信息

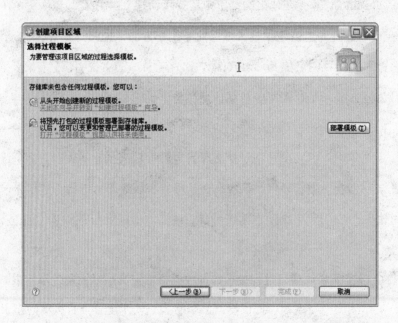

图 5.3　创建项目区域的第 2 步工作界面：部署项目的过程模板

❑ Agile过程：此过程由多个现有敏捷过程的最佳实践混合而成。

❑ Eclipse Way：此过程最初由 Eclipse 开发团队开发。Eclipse Way是基
于迭代的敏捷过程，它侧重于一致而准时地交付高品质软件。

❑ OpenUp：该过程是 Eclipse 过程框架项目（EPF）创建的其中一个
过程。

❑ Scrum：Scrum 的过程模板。Scrum 是一种流行的项目敏捷管理方法。

❑ 简单团队过程：旨在帮助用户快速入门的简单过程。团队成员有权执
行任何类型的修改，非团队成员无权执行任何修改。

在本例中，使用 Scrum 过程模板来创建 SmartProject 项目，如图 5.4 所示。

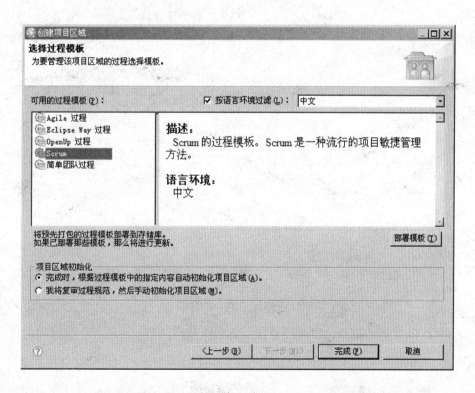

图 5.4　创建项目区域的第 3 步工作界面：选择过程模板

SmartProject 项目创建和初始化完成后，RTC 客户端自动打开描述 SmartProject 的项目区域（如图 5.5 所示），让用户可以继续对项目参数进行配置。在工作界面的右下角，自动列出了系统建议产品负责人应该继续做哪些配置工作的相应工作项。

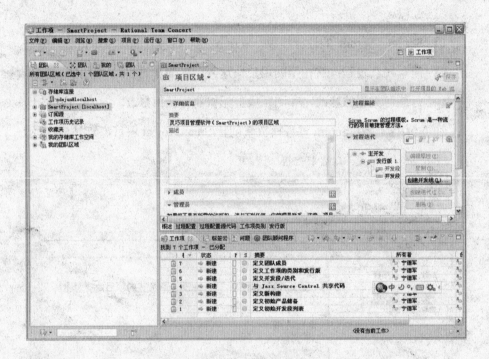

图 5.5　完成新项目的创建出现的用户界面

下面，继续对 SmartProject 项目进行一些必要的配置工作，以便可以开始进行 SmartProject v2.0 的开发工作，如图 5.6 所示。

❑ 定义团队成员：创建项目团队的组织结构，增加团队员，设置成员角色等。

❑ 定义工作项的类别与发行版：创建新的工作项类别"发布版2.0"，把

SmartProject的工作项按新的类型归类；并创建发行版"发布版2.0"，标识我们开发的目标。

❑ 定义开发段与迭代：将SmartProject v2.0的开发周期划分为多个迭代，设置迭代的始止日期。

❑ 与Jazz Source Control共享代码：导入现有的SmartProject v1.0源代码，作为SmartProject v2.0开发的基础。

❑ 定义新构建：构建SmartProject的构建环境。

图 5.6　建议进一步初始化的工作项列表

5.3　添加团队成员

在 SmartProject 创建并配置完成之后，需要定义该项目的开发团队。在 RTC 中，一个项目可以包含多个开发团队，每个开发团队又可以包含多个小团队。对于一个复杂的项目，它可以有着复杂的团队层次组织结构。为了简单起见，SmartProject 只包含一个开发团队，团队由多名成员构成，每位成员有自己的 Scrum 角色。如图 5.7 所示为团队区域描述窗口。

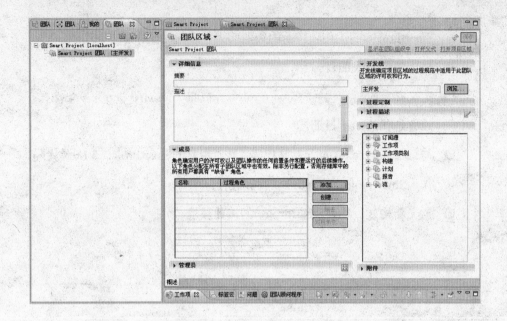

图 5.7　团队区域描述窗口

　　在 SmartProject 的项目区域编辑窗口单击"显示在团队组织中"链接,可以查看"团队组织"。然后通过右键菜单打开"SmartProject 团队"的团队区域编辑窗口。在成员子窗口中,产品负责人加入项目的所有成员,并给他们分配不同的角色,如图 5.8 所示。

　　在选择开发人员加入开发团队并给他们设置相应角色之后,需要保存团队区域。保存完成后,RTC 提示是否向团队成员发送加入开发团队的邀请函。如果需要发送,RTC 将向每位成员发送包含如何连接 RTC 参数的邮件(需要预先配置好 RTC 与 SMTP 服务器的集成)。如图 5.9 所示为添加了项目成员的团队区域窗口。

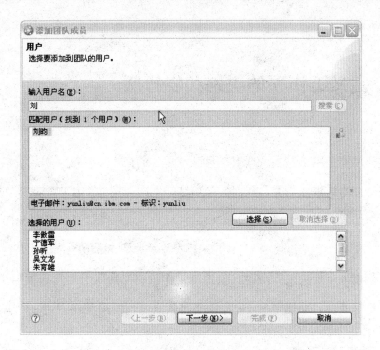

图 5.8　添加团队成员并设置角色

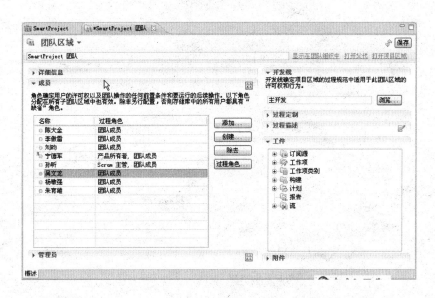

图 5.9　添加了项目成员的团队区域窗口

5.4 定义工作项的类别和发行版

工作项类别用于归类，即对项目区域包含的众多工作项（如故事、任务、缺陷等）按团队进行归类，从而区分出这些不同类型的工作项记录分别属于哪些不同的团队。由于 SmartProject 项目区域只包含一个团队，所以只需要创建一个工作项类别"发布版 2.0"，并把该类别关联到 SmartProject 团队区域。这样，当创建一个新的工作项时，指定该工作项的类别属于"发布版 2.0"，那么该工作项就会自动属于 SmartProject 团队区域，如图 5.10 所示。

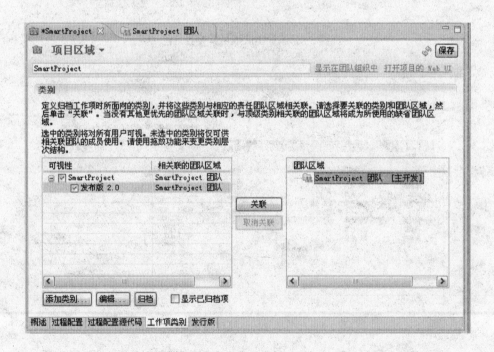

图 5.10 定义 SmartProject v2.0 的工作项类别

另外，还需要为标识 SmartProject v2.0 最终发布版本创建发行版"发布版 2.0"，如图 5.11 所示。

图 5.11　定义 SmartProject v2.0 的发行版

5.5　定义开发段与迭代

RTC 允许在一个项目中并行开展不同类型的开发活动，它支持一个项目中包含多条并行的开发线（Development Line）。一条开发线指的是项目中面向某个具体开发目标的一组开发活动，例如新版本开发、旧版本补丁开发等是不同的开发线。

在一条开发线的生命周期中，可以划分为多个迭代（iteration），每个迭代有自己的生命周期（即定义了开始与结束日期），迭代又可以细分为子迭代。这是敏捷开发方法（如 Scrum）的典型特征：每个迭代都是一个完整的软件生命周期，后一个迭代的工作基于前一个迭代的结果，每个迭代都会产生可工作的软件。

在 SmartProject 项目中，只包含了一条开发线（使用系统自动创建的主开发线）。开发线下面包含一个大迭代，用于代表 SmartProject v2.0 开发。我们把 SmartProject v2.0 的开发工作分三个子迭代（冲刺）来完成，见表 5.1。

表 5.1　迭代

迭　　代	标　　识	显　示　名	开　始　日　期	结　束　日　期
父迭代	R1.0	发布版 1.0	08-2-1	08-5-1
子迭代	1.0 S1	冲刺 1 (1.0)	08-2-1	09-2-29
子迭代	1.0 S2	冲刺 2 (1.0)	08-3-1	08-3-31
父迭代	R2.0	发布版 2.0	09-2-9	09-5-9
子迭代	2.0 S1	冲刺 1 (2.0)	09-2-9	09-3-9
子迭代	2.0 S2	冲刺 2 (2.0)	09-3-9	09-4-9
子迭代	2.0 S3	冲刺 3 (2.0)	09-4-9	09-5-9

在项目区域中的过程迭代子窗口，使用表 5.1 数据创建 SmartProject v1.0（不是必须的）和 v2.0 的过程迭代后，还需要把当前迭代设置为冲刺 1（2.0），标志着 SmartProject v2.0 的开始，如图 5.12 所示。

图 5.12　SmartProject 过程迭代的定义结果

5.6　快速初始化项目数据

SmartProject v2.0 是基于 v1.0 的源代码进行开发的。下面将把 v1.0 的所有源代码快速导入到 RTC 的存储库中（在真实项目中，v1.0 的所有源代码应该已经存在 RTC 的存储库中）。从第 6 章开始，将以 v1.0 为基础介绍 v2.0 的开发过程与场景。

RTC 提供了强大的软件配置管理（Software Configuration Management，

SCM）功能，能够对项目的源代码、文档进行版本管理。有关 RTC 配置管理的各个概念说明、具体是如何进行版本管理的，请参考第 6 章章相关内容的详细介绍。

SmartProject 的源代码分为两部分，即核心代码（Core）和图形用户界面代码（GUI）。它们的目录结构设计如图 5.13 所示。我们先在本地准备这样的目录结构，每个子目录放置了几个有内容的 java 文件，作为 SmartProject v1.0 的源代码文件。

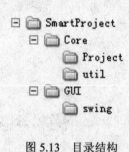

图 5.13　目录结构

下面将把在本地目录准备好的源代码文件导入到 RTC 存储库中。

5.6.1　步骤 1：规划和创建 SmartProject 的流与组件

在 RTC 中，源代码和文档是存储在组件（Components）中的，每个组件下面包含目录和子目录，子目录下包含文件。组件中的每个目录和文件都被版本化，即当它们发生改变时，组件就会记录它们详细的变更情况（变更历史）。流（Stream）是团队进行开发工作的独立区域，团队每个开发人员都从相应的团队流获得最新的源代码文件进行开发，并把开发结果合并到该流中。不同的流可以引用不同的或相同的组件，因而组件可以给多个团队流共享或进行并发修改。

对于 SmartProject 项目，我们只规划并创建了一条流，即"SmartProject 团队流"，所有开发人员都将使用同一条流。同时也创建了两个组件，分别是 Core 和 GUI（目前组件是空的，里面没有源代码），分别用于存放核心代码和用户界面代码，如图 5.14 所示。

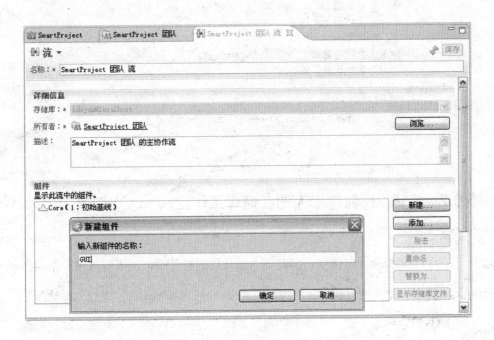

图 5.14　给团队流创建并添加一个新组件

从团队工件窗口可以看到，两个组件已经创建完成（其中，Core 组件是在原有默认创建的组件基础上进行改名），并关联在 SmartProject 团队流上，如图 5.15 所示。

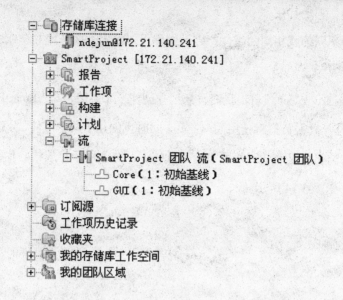

图 5.15　SmartProject 组件与流的规划结果

5.6.2　步骤 2：创建个人的存储库工作空间

在下一章将会详细讲到，当要导入源代码到组件中，或者修改组件中的源代码，需要在个人的存储库工作空间（Repository Workspace）进行。存储库工作空间与固定的流关联，从流上获得最新的源代码进行修改，修改后再把最新交付到相应的流中。

因此，为了导入 SmartProject v1.0 的源代码，需要先基于团队流创建自己的存储库工作空间，如图 5.16 所示。然后再装入流所关联的组件 Core 和 GUI，把存储库工作空间下载到本地工作空间如图 5.17 所示。

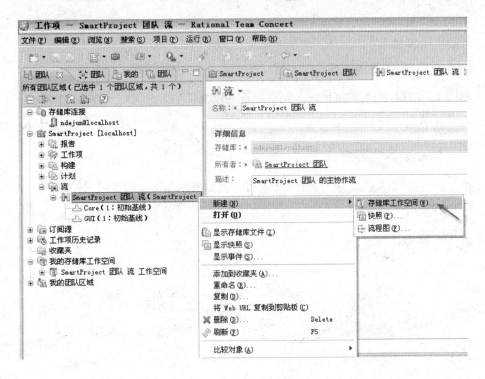

图 5.16　基于团队流创建存储库工作空间

图 5.17　存储库工作空间下载到本地工作空间

5.6.3　步骤 3：创建 Java 项目，导入源代码文件

我们准备好的 SmartProject v1.0 的源代码是几个用于示例的 Java 源文件，

分别组织于若干个子目录中。在本步中,创建两个 Java 项目,即 Core 项目和 GUI 项目,以项目用作源代码容器,先把源文件加入到项目中。在下一步骤中,再以 Java 项目为基本单位,分别将把这些源文件加入到 RTC 存储库的不同组件(即 Core 和 GUI)中。

在 Java 透视图的包资源管理器中,选择"文件"|"新建"|"Java 项目"命令,分别创建 Core 项目和 GUI 项目。然后分别基于这两个项目,选择"文件"|"导入"|"文件系统"命令,将上述准备好的源代码按不同目录分别导入到这两个 Java 项目中,结果如图 5.18 所示。

图 5.18　创建 Java 项目并导入源代码文件

5.6.4　步骤 4:把 Java 项目加入 RTC 存储库的组件中

Java 项目准备好之后,我们将逐个项目加入到 RTC 存储库中。在 Java 透

视图的包资源管理器中，选择每个项目右键菜单命令"小组"|"共享项目"，再选择 Jazz Source Control 源代码控制类型。在选择 Java 项目加入到目标组件时，我们选择之前已经创建的存储库工作空间中的组件（如图 5.19 所示）。将两个项目分两次加入，每次选择不同的组件。

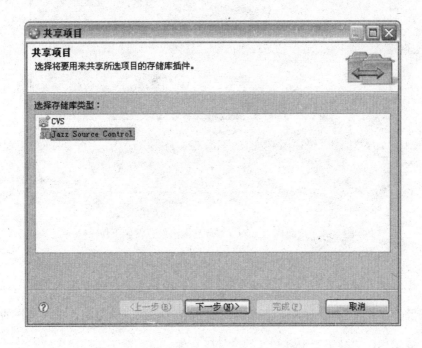

图 5.19　把 Java 项目共享到 RTC 配置管理

SmartProject 团队流是团队的共享区域。我们导入 SmartProject 源代码的目标就是该团队流。由于流是不能直接被修改的，因此需要先把这些新文件导入到开发人员的存储库工作空间中（如图 5.20 所示），再将变更从该空间正式交付到团队流上。相关原理和操作过程请参考第 6 章的具体说明。

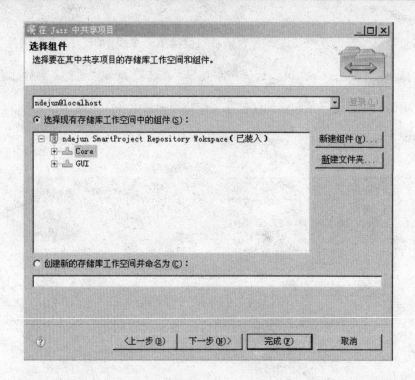

图 5.20 把源代码先装入到开发人员的存储库工作空间

上述操作完成之后，两个 Java 项目及它的源代码文件都被加入到当前我们选择的存储库工作空间内。存储库工作空间是个人的工作空间，在"暂挂的变更"视图中，比较显示出刚加入的源代码文件只是存在于当前个人的存储库工作空间，而整个团队的工作区域"SmartProject 团队流"并没有这些源代码文件。因此，还需要在该视图中选择右键菜单命令"传递"，将这些源代码文件从当前个人的存储库工作空间，交付到团队的区域中，如图 5.21 所示。

交付完成后，Java 透视图的包资源管理器将使用不同的标记，显示这些源代码文件已经加入到 RTC 的存储库的组件中，如图 5.22 所示。

图 5.21　添加的源代码显示在"暂挂的变更"视图中

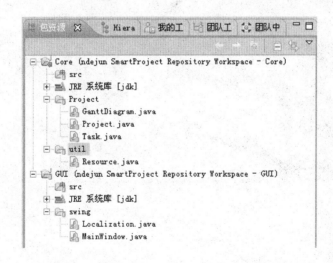

图 5.22　源代码已经加入到 RTC 存储库的组件中

5.6.5　步骤 5：创建快照，记录

当 SmartProject v1.0 的源代码导入到 RTC 存储库之后，我们希望记录下当

前的状态和源代码内容，以便在将来源代码修改之后仍然能够找回当前这个状态下的源代码内容。通过在流上创建快照（snapshot）的方法来实现，如图 5.23 所示。

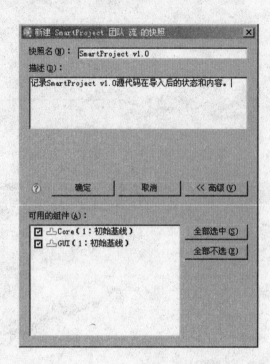

图 5.23　创建快照

5.7　快速创建项目的构建环境

RTC 提供了一个自动化的构建环境。构建工程师或开发人员只需在 Eclipse 环境中就可以发起构建请求，把构建任务提交给后台运行的构建引擎（如 Jazz

Build Engine 等），并在 Eclipse 环境窗口中查看构建的状态和最终的详细结果。下面的步骤将对 SmartProject v2.0 的构建环境进行简单的配置，以便构建工程师和开发人员可以在 Eclipse 环境中发起并完成自动化构建工作。

我们将采用 Ant 构建脚本（build.xml）来定义具体的构建过程。而整个构建过程的执行则由 RTC 提供的 Jazz Build Engine 来执行和反馈结果。以构建工程师账号（如 zhuyux 账号）在 RTC 客户端登录并访问 SmartProject，创建所需要的构建脚本 build.xml。

在创建或修改构建脚本或其他源文件之前，构建工程师需要有自己的个人存储库工作空间（有关如何创建存储库工作空间请参考本章前面的讲解），如图 5.24 所示。

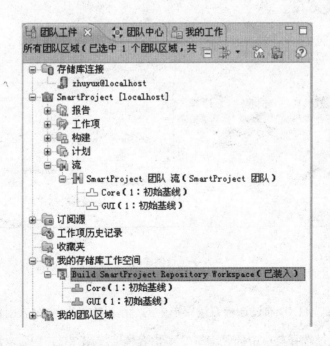

图 5.24　构建工程师创建自己的存储库工作空间

5.7.1 步骤 1：创建构建脚本

Ant 是一个与平台无关的 Java 项目构建工具。使用 Ant 可以方便地将项目的构建流程有效地管理起来。Ant 已经成为了 Java 项目构建事实上的标准。构建脚本为 XML 格式，每一个 Ant 脚本中包含一个 Project，Project 下又包含许多的 Target，Target 由一个或多个 Ant Task 组成。Ant 通过执行构建脚本来生成可发布的软件包。

通常的构建过程是：从 RTC 服务器获取最新版本的代码，然后对代码进行编译、单元测试，最后打包等。本文仅介绍根据构建脚本文件模板创建一个简单的构建文件，如图 5.25 所示。有关具体如何加入构建脚本的任务，请参考相关的 Ant 参考资料。

图 5.25 基于模板创建构建脚本文件

在 Core 项目中，通过选择右键菜单中的"新建"|"文件"命令来创建 build.xml 文件，并通过选择菜单中的"编辑" | "内容辅助（ALT+/）"命令，选择"构

建脚本模板"进行快速地创建。

构建脚本创建完成后，还需要转到"暂挂的变更"视图。通过选择右键菜单中的"检入并传递"命令，将 build.xml 文件从当前个人的存储库工作空间交付到团队的流中（操作方法类似于源代码导入），如图 5.26 所示。

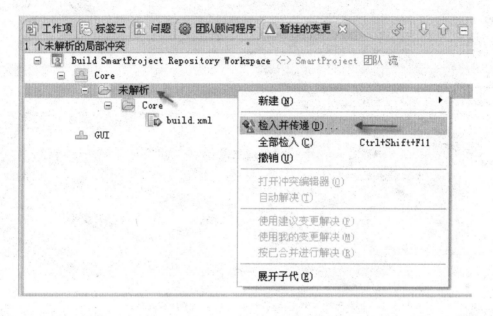

图 5.26　向团队流交付创建构建脚本产生的变更

5.7.2　步骤 2：创建构建引擎

物理上的构建引擎进程是一个使用命令行程序运行的服务器进程（如 Jazz Build Engine），运行在本机上其他机器上。在 SmartProject 项目中，需要对物理构建引擎进行逻辑上的定义与描述，包括定义它的标识、所属团队、会有哪些构建定义可以在上面上运行等。当实际启动构建引擎进程时，需要通过设置参数与构建引擎定义关联起来，如图 5.27 所示。

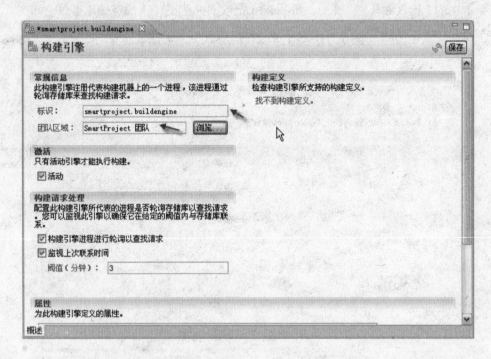

图 5.27　定义与描述 SmartProject 的构建引擎

5.7.3　步骤 3：创建构建定义

当我们进行自动化构建的时候，是基于构建定义（Build　Definition）来发起构建请求的。构建定义包含了整个构建的输入参数或属性、从何处获得源代码、构建过程使用的构建脚本等信息。

图 5.28 显示了我们给 SmartProject 创建了一个构建定义 SmartProject Team

Build，用于自动化构建 SmartProject 的最新源代码。或者 SmartProject 各个开发人员在交付他们修改的代码前，对个人工作空间最新源代码的自动化构建。在该构建定义里，我们可以看到，指定了该构建定义属于当前项目团队。

图 5.28　新建构建定义：选择构建定义的模板

新的构建定义 SmartProject Team Build 创建后，还需要设置一些必要的参数，这样才能最终创建成功。首先，需要指定该构建定义运行在前面所创建的构建引擎上，如图 5.29 所示。

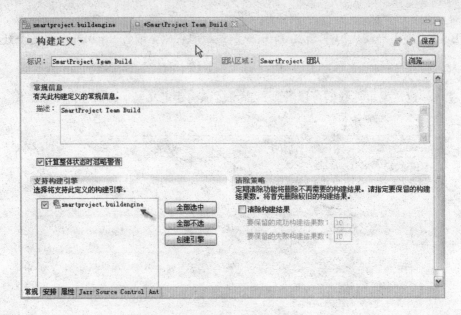

图 5.29　新建构建定义：指定构建引擎

我们希望 SmartProject Team Build 能够支持每日构建，在每天晚上某个时刻自动执行一次构建，把开发人员当天交付的源代码变更自动执行一次完整的构建过程：编译、单元测试、打包等，以便及时发现当天源程序存在的问题。第二天开发人员上班时就能够收到构建结果和问题，从而有效地避免问题的积累，确保开发过程每个阶段都有高质量的代码。如图 5.30 表示设置构建的定期执行。

在 Jazz Source Control 页面中描述该构建将如何获得源代码。在构建工作空间，指定了构建工程师在前面创建存储库工作空间，作为进行自动化构建的存储库工作空间。另外，还指定了本地工作目录，用于将存储库工作空间的内容下载到本地。在每次构建时，构建引擎都会从流上获得最新的源代码更新到该存储库工作空间，进而再下载到木地工作目录，最后提供给构建脚本进行具体构建。图 5.31 表示设置源代码控制的相关参数。

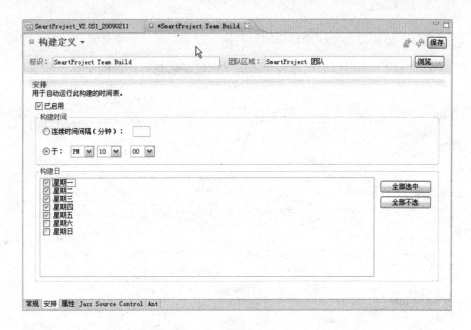

图 5.30　新建构建定义：设置构建的定期执行

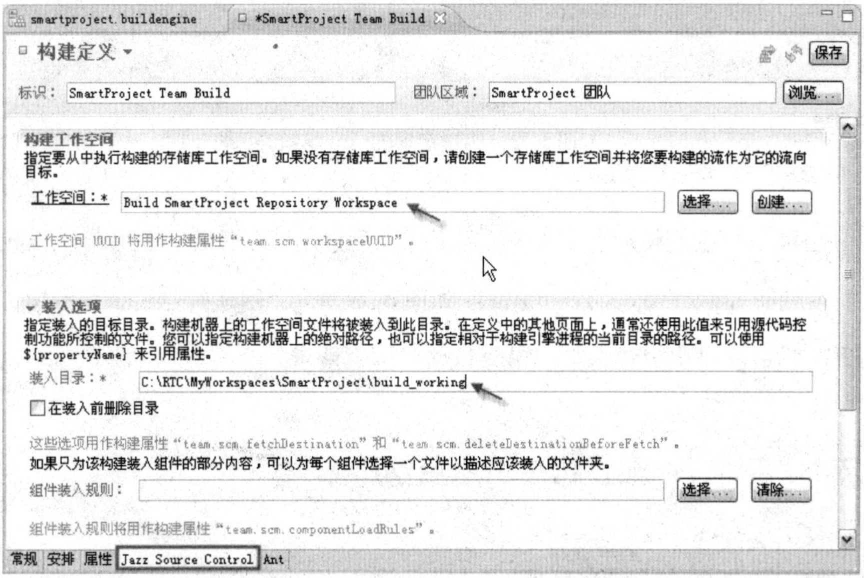

图 5.31　新建构建定义：设置源代码控制的相关参数

最后，还需要在 Ant 窗口中填写路径，以指定哪一个文件是相关的构建脚本（build.xml），所使用的路径是本地工作目录的路径，如图 5.32 所示。

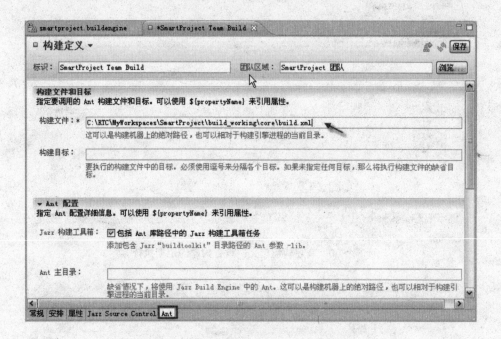

图 5.32　构建定义的 Ant 参数

当填写上述参数完毕并把构建定义保存后，团队工件窗口就会显示出我们成功创建的 SmartProject Team Build，如图 5.33 所示。创建构建引擎和构建定义之后，就可以启动构建引擎，提交自动化构建请求。

5.7.4　步骤 4：配置构建引擎启动脚本

Jazz Build Engine 的启动程序文件是 jbe。这是一个命令行程序，运行时需要提供相关参数。为了方便起见，可以创建一个批处理文件，内容如图 5.34 所示。主要参数功能说明如下。

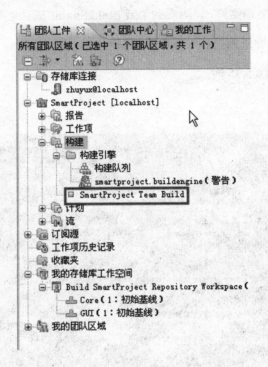

图 5.33　显示已经创建完成的构建引擎与构建定义

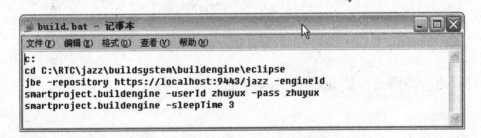

图 5.34　构建引擎启动脚本（样本）

❑ engineId：对应上述创建的构建引擎的逻辑定义。

107

- ❑ Repository：RTC服务器地址。

- ❑ userId, pass：访问RTC服务器所使用的专门构建账号。

直接运行批处理文件，可以看到 Jazz Build Engine 成功连接到 RTC 服务器和 SmartProject，并进入循环等待状态，等待构建工程师和开发人员发出的自动化构建请示，如图 5.35 所示。

图 5.35　构建引擎进程等待构建请求

5.7.5　步骤 5：验证构建环境是否正确

完成上述步骤后，SmartProject 构建环境已经配置完成，并且成功启动正在等待接受构建请求进行构建工作。因此，只需提交真正的一个构建请求，如果能够成功执行，就能够说明上述的配置工作正确，SmartProject 构建环境就是就绪的，如图 5.36 所示。

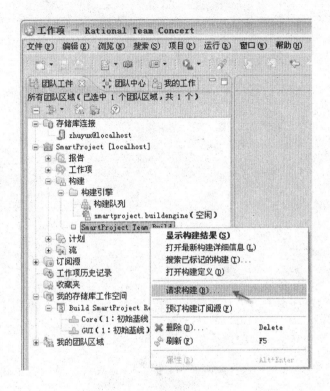

图 5.36　提交构建请求

可以单击构建定义 SmartProject Team Build，通过选择右键菜单命令"请求构建"发起构建请求。在弹出的请求构建窗口中，无需填写额外的参数，即使用上述步骤设置的默认参数进行构建即可，如图 5.37 所示。

提交构建请求完成后，可以在构建结果显示窗口中查看构建请求的处理情况，如图 5.38 所示。还可以通过在构建请求处理过程中不断地刷新构建结果窗的信息，实时地查看构建请求的处理情况。

图 5.37　请求构建窗口

图 5.38　构建结果显示窗口

当构建请求处理完成后，一个浮动窗口显示出来，显示构建是否成功完成。单击该窗口可以显示详细的构建结果和日志，如图 5.39 所示。

图 5.39　通过浮动窗口显示构建结果

5.8　项目成员连接到 SmartProject 项目

通过上述步骤，SmartProject 项目便创建并配置成功了，团队的开发与交付软件环境也已经准备就绪了，SmartProject v2.0 开发团队就可以在上面进行开发工作。下面，开发人员启动 RTC 客户端，连接 SmartProject 项目，并对客户端进行一些初始化的设置工作。

5.8.1 连接项目

开发人员启动 RTC 客户端，需要根据提示输入 Eclipse 本地工作空间。RTC 客户端启动完成后，可以看到 RTC 显示的欢迎页面，该页面显示许多有关 RTC 的工具指引和开发资料，它是我们深入学习 RTC 必不可少的材料。

关闭 RTC 欢迎页面，在团队工件窗口中选择“连接到项目区域”，使用我们自己的账号，创建存储加连接，并将 RTC 客户端连接到 RTC 服务器上的 SmartProject 项目区域，如图 5.40 所示。

图 5.40 连接到 SmartProject 项目区域

连接完成后，在团队工件窗口中会显示出刚刚创建的存储库连接和 SmartProject。展开 SmartProject，可以看到它包含的所有工件：报告、计划、构建、工作项、流等，如图 5.41 所示。

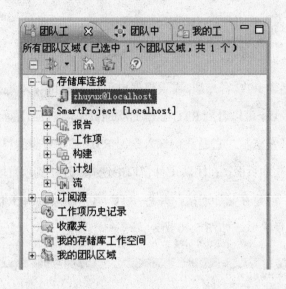

图 5.41　成功连接了 SmartProject

5.8.2　配置 RTC 客户端与 Jabber 的连接

前面我们已经谈到，RTC 能够跟多种即时通信工具集成，包括开源即时通信工具 Jabber。在第 4 章中，我们已经安装并启动了 Jabber。下面介绍如何配置 RTC 客户端，连接 Jabber 服务器。

进入 RTC 的首选项窗口，在即时消息传递栏目中需要添加一个新的 IM 账户来连接 Jabber 服务器。在添加 IM 账户窗口中，需要选择供应商为"Jabber XMPP 服务器"，并输入 Jabber 服务器的地址、用户标识和密码（使用与 RTC 一样的账号即可）、资源（可选），如图 5.42 所示。

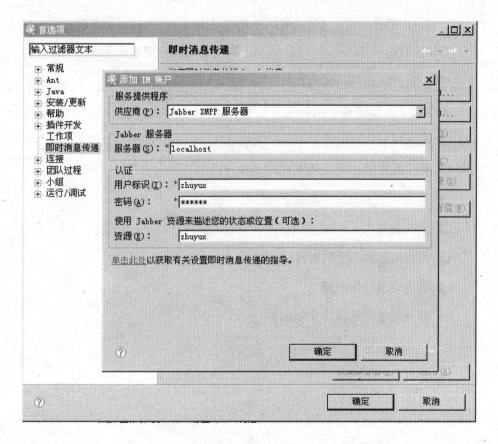

图 5.42　配置 RTC 客户端与 Jabber 的连接

添加 IM 账号后，单击连接按钮，测试连接是否成功。如果刚添加的连接显示为绿色，则说明 RTC 客户端已经成功连入 Jabber 服务器了。

5.9 小结

本章详细介绍了如何在一个安装配置好的空白 RTC 平台里基于过程模板创建新项目，配置项目的过程迭代，添加项目成员，导入项目已有的源代码数据，并快速创建项目的构建环境。从第 6 章开始，项目团队将基于我们创建的项目环境进行 SmartProject v2.0 的开发工作。

本章的主要知识点包括：

- 通过向导快速创建并初始化新的项目：SmartProject；

- 给SmartProject项目添加团队新成员；

- 定义相关的工作项类别和发行版；

- 定义SmartProject生命周期的开发段与迭代；

- 导入旧版的源代码文件；

- 创建项目的构建环境；

- 项目成员如何连接到SmartProject项目。

第6章 团队音乐会第二乐章：软件交付项目的规划

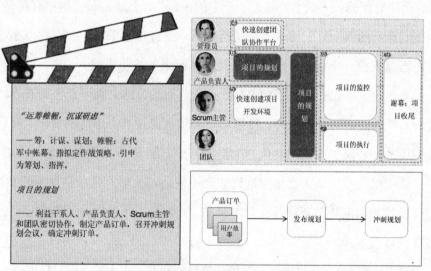

"运筹帷幄，沉谋研虑"

—— 筹：计谋、谋划；帷幄：古代军中帐幕。指拟定作战策略。引申为筹划、指挥。

项目的规划

—— 利益干系人、产品负责人、Scrum主管和团队密切协作，制定产品订单，召开冲刺规划会议，确定冲刺订单。

敏捷项目规划过程是一个全体团队成员密切协作，积极主动地为实现项目目标献计献策的过程，它很好地体现了敏捷开发过程"整体团队协作"（Whole Team）的最佳实践。使用 Scrum 方法进行项目规划时，产品负责人首先要在主要利益干系人的帮助下制定产品订单，并将其录入 RTC 中。其次，基于项目的上市要求和其他项目假设和约束，产品负责人和 Scrum 主管共同制定项目的高层发布计划，明确项目的主要冲刺和里程碑，并将其固化在 RTC 项目区域的 Scrum 过程定义中。最后，在冲刺开始时，Scrum 主管组织召开由全体 Scrum 团队参加的冲刺规划会议，通过团队的智慧制定出包含具体冲刺工作内容的冲刺订单。

曾有人做过一个实验：组织三组人，让他们分别沿着十公里以外的三个村子步行。

第一组人不知道村庄的名字，也不知道路程有多远，只告诉他们跟着向导走就是。刚走了两三公里就有人叫苦，走了一半时有人几乎愤怒了，他们抱怨为什么要走这么远，何时才能走到。还剩下不到一半路程时，有人甚至坐在路边不愿走了。越往后走他情绪越低。

第二组的人知道村庄的名字和路段，但路边没有里程碑，他们只能凭经验估计行程时间和距离。走到一半的时候大多数人就想知道他们已经走了多远，比较有经验的人说"大概走了一半的路程"，于是大家又簇拥着向前走。当走到全程的四分之三时，大家情绪低落，觉得疲惫不堪，而路程似乎还很长，当有人说"快到了"时，大家又振作起来加快了步伐。

第三组人不仅知道村子的名字、路程，而且公路上每一公里就有一块里程碑，人们边走边看里程碑，每缩短一公里大家便有一小阵的快乐。行程中他们用歌声和笑声来消除疲劳，情绪一直很高涨，所以很快就到达了目的地。

这三组人马为什么会出现这样完全不同的结果呢？从项目规划的角度，它可以使我们重新思考项目计划的目的。一般情况下，项目计划为项目的开展提供以下帮助：

- ❏ 为项目的执行提供路标，统一项目的利益干系人的工作目标。
- ❏ 为项目监控提供基准，有效监控项目偏差，及时调整。
- ❏ 为项目团队协作提供基础，确保项目的利益干系人作为一个整体，紧密协作。
- ❏ 为项目变更提供基准，确保变更的合理控制和分析。
- ❏ 为项目干系人提供决策所需的支持信息。

由此可见，项目计划是项目团队执行的粘合剂，使所有的团队成员分工协作，各司其职，从而达到快速推进的目的。项目计划也是团队的路标和基准，它明确整个团队前进的方向和比较的基准。

6.1　敏捷开发中的规划层次

进行项目规划时，有两个问题要想清楚：首先是应该由谁来作规划，其次是制定什么样的计划。应该由谁来作规划？我认为很简单，正如华为的任正非所说："谁来呼唤炮火？应该让听得见炮声的人来决策"。在 Scrum 方法中，作规划的人就应该是由具体从事开发工作的团队人员进行规划。因此，敏捷团队推荐的一个重要的最佳实践就是整体团队协作，整个项目规划过程由产品负责人、Scrum 主管和团队成员共同参与，这是能够制定出好的、可执行的计划的重要条件。而制定高质量计划的另一个重要条件就是项目经验，穿越丛林或翻越高山时，我们总喜欢请个向导，因为他的经验能够帮助我们有效规避风险，并使整个过程更加可预测，这是让从事具体工作的人进行规划的另一个重要原因。此外，通过迭代式软件开发方法，敏捷开发团队可以快速积累经验，并且有效地把这种经验复制到下面的迭代周期中。

明确了应该由谁进行规划后，我们还必须清楚做什么样的计划。既然项目计划是团队的路标和基准，那么在进行项目规划时一定要注重实效，注重项目的可执行，决不要落入为了计划而计划的怪圈。众所周知，项目的重要特征是渐进明细，因此在进行项目规划时我们也应该是渐进明细的。因此，敏捷开发推荐的另一个最佳实践是两级项目规划，项目级粗线条的发布计划和迭代级细化的、可执行的迭代计划。在整个生命周期中，项目层粗线条的发布计划可以不断被修正，使其越来越接近通往项目目标的可执行轨迹。

　　站在整个软件产品开发乃至整个产品线的规划角度，敏捷规划存在很多个层次。正如 Mike Cohn 在他的《敏捷估计与规划》中写道：“作规划时候，重要的是记住我们无法看到地平线以外的东西，我们试图规划的内容超出视线范围越远，计划的准确性降低得越迅速。假设您站在一条小船上，眼睛离水面有 9 英尺。这时候地平线的距离大约是刚刚超过 4 英里。如果您在为一次 20 英里距离的旅行作计划，就应该准备至少要往前看 5 次，每 4 英里一次。因为您无法看到地平线以外的东西，您需要不时地看一下然后调整计划。敏捷开发小组通过对 3 个不同的地平线作规划来达到这一目的。这 3 个地平线分别是发布、迭代和当前日。图 6.1 中的规划洋葱显示了这三个（和其他）规划地平线的关系。”。

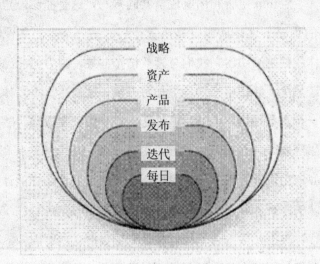

图 6.1　规划洋葱：敏捷开发小组至少在发布、迭代和每日 3 个层次上进行规划

　　大多数敏捷开发小组只关心规划洋葱的最里面三个层次：发布规划、迭代规划和每日规划。通过这三个层次（发布、迭代和每日）的规划，敏捷开发小组关注于对他们正制定的计划可见而且重要的内容。

6.2　敏捷项目规划过程

　　敏捷开发对于瀑布模型的最大改进在于：把瀑布模型中的大版本切成敏捷开发中的一个个小版本，从而大大缩短软件发布小版本的时间周期；始终坚持尽最快速度向用户提交一个最新功能的版本，让用户在体验中不断与开发团队共同完善。IBM 敏捷过程和大规模敏捷（Agile@Scale）过程的最佳实践明确指出了迭代式软件开发、两级项目规划、整体团队协作和持续集成是敏捷开发过程的核心最佳实践。两级项目规划就是指通过将面向整个项目范围的宏观计划和面向当前及下一迭代的微观计划相结合的、渐进明细的规划方法。使项目经理的项目规划工作不但关注项目大局，确保项目大局的里程碑节点的实现。同时在执行层面也更加关注实效，追求恰到好处的计划。避免为了计划而计划。其目的是确保团队的有效协作执行。

　　Scrum 敏捷项目规划也是采用两级项目规划方法：面向整个项目产品交付的发布规划和面向本次冲刺工作内容的冲刺规划。发布规划是对整个产品发布过程的展望，其结果是产生产品订单；与之相对，冲刺规划只是对一次冲刺的展望，其结果是确定包含一次冲刺中具体冲刺任务的冲刺订单，如图6.2 所示。

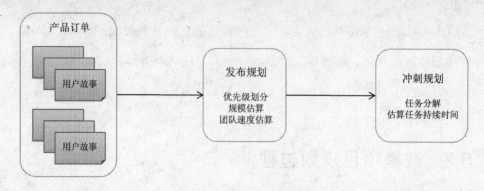

图 6.2　Scrum 项目规划过程

敏捷开发最本质的驱动力源于对用户需求的快速响应。其最大的贡献在于还软件开发以本源：注重实效，关注效率和质量。因此，敏捷开发团队首先是要基于客户需求，开发用户故事，对其划分优先等级，从而制定出产品订单。在整个软件开发过程中，产品订单会在每个冲刺中不断更新、演进，而整个演进路线图则由客户和交付的实际效果决定。

6.2.1　发布规划

发布规划是对整个产品发布过程的展望。通常的规划周期是 3～6 个月的时间。关注确定项目的主要发布，明确哪些故事应该被包含在近期的发布中实现，何时实现。产品负责人根据业务要求、项目发起人或投资人的要求，确定项目的整体范围边界、主要发布节点和每个发布中包含的主要需求内容。由于发布计划跨度较长，因此发布计划总体上的不确定性较大。整个发布规划过程可以分为三个阶段：开发阶段、承诺阶段和适应阶段，如图 6.3所示。

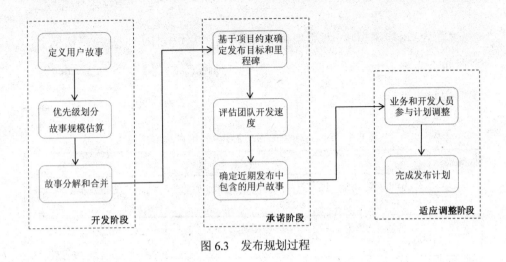

图 6.3　发布规划过程

1. 开发阶段

开发阶段关注初步产品订单的制定，包括用户故事的定义、优先级排序、规模估算、从用户故事的复杂度和关联性等方面对其进行优化等工作内容。

（1）用户故事的定义

一个用户故事（User Story）是从系统用户或者客户的角度出发对功能的一段简要描述。用户故事的形式很自由，没有什么强制性的语法。用户故事最重要的特点在于每一个用户故事都是一个可分配、可估算、可管理的需求单位，它从"用户"如何使用系统的角度来表达用户需求，帮助客户实现一个端到端的交流。

每一个用户故事都包括如下三方面：

❑　写下故事描述，用作计划和提示；

❑　故事的对话为故事细节；

❑　以测试作为细节的记录，用来判断故事是否完成实现。

描述用户故事的时候，可以采用以下格式：

"作为<用户类型>，我希望可以<能力>，以便<原因>"。简单情况下，有时也会省略以便<原因>的部分。基于这种格式，我们对 SmartProject 2.0 中的用户故事描述如表 6.1 所示。

表 6.1　对 SmartProject 2.0 中的用户故事描述

编号	故 事 描 述
1	作为产品负责人，我希望可以为用户故事添加业务价值、风险和成本信息，以便进行优先级划分
2	作为产品负责人，我希望可以使用故事点的方式估算用户故事规模，以便进行发布规划
3	作为项目经理，我希望可以在项目下创建一个或多个子项目，以便实现多项目管理
4	作为项目经理，我希望可以灵活显示项目的进度信息，以便及时掌握项目的进度
5	作为项目经理，我希望可以在项目群的层次上聚合项目的进度信息，以便及时掌握项目群的进度信息
6	作为项目经理，我希望可以在项目上添加项目费用信息，以便掌握项目的费用情况
7	作为项目经理，我希望可以在父项目上聚合所有子项目的费用信息，以便进行项目群的综合管理
8	作为项目经理，我希望可以收集到项目的构建信息，以便实际了解项目发布情况
9	作为项目经理，我希望可以订阅指定项目构建信息，以便监控冲刺计划的执行情况
10	作为项目经理，我希望可以订阅指定工作项完成信息，以便监控冲刺计划的执行
11	作为项目经理，我希望可以查看冲刺的燃尽图，以便监控冲刺计划的执行
12	作为项目团队成员，我希望可以方便地了解团队组织结构信息，以便进行高效团队协作
13	作为项目团队成员，我希望可以和其他项目团队成员及时通信，以便进行高效团队协作

（2）优先级排序

进行用户故事的优先级划分时，一方面可以请客户参与，从业务价值的角度对用户故事进行排序。另一方面，也可以从最终使用者满意度的角度，设定优先级（可以分为必须的、最好有、可选的）。而衡量用户故事的业务价值时，可以从以下几个维度来衡量：

- ❏ 实现某个用户故事所带来的经济价值；
- ❏ 开发某个用户故事所需的成本；
- ❏ 开发某个用户故事能够为团队带来的收益，例如重用、新知识；
- ❏ 开发某个用户故事所能够减少的风险和不确定性。

（3）规模估算

我们可以采用两种方法进行规模估算：故事点和理想日。故事点是用于表达用户故事、功能或其他工作的总体规模的度量单位，它是一个相对度量单位。使用时，可以给每个故事分配一个点值。点值本身并不重要，重要的是点值的相对大小。一个分配值为 2 的用户故事的工作量应该是分配值为 1 的用户故事工作量的两倍。因此，进行故事点估计时，关键是所有的故事点基于一个统一的基准值进行估计，它可以是最小的用户故事，也可以是一个中等规模的用户故事。

理想日是用于表达用户故事、功能或其他工作的总体规模的另外一种度量单位。它是一个绝对度量单位。要掌握理想日的估算方法，要首先了解什么是理想时间？理想时间是某件事在剔除所有外围活动以后所需的时间。相对地我们有消耗时间，是时钟上显示出流逝的时间。例如，站在每一天的角度，如果某位开发人员每天用于从事项目活动的时间是 5 个小时，处理邮件、开会、阅读新闻、接受培训等的时间为 3 个小时，则其理想时是 5，消耗时则是 24 小时。在团队进行规划时，充分考虑每个团队成员的理想时间很重要，一般为一天有效工作时间的 60%～80%比较合理，但绝不会是全部。

基于以上方法，进行过优先级排序和规模估算后，SmartProject 2.0 项目中的用户故事描述见表 6.2。

表 6.2　SmartProject 2.0 项目中的用户故事描述

编号	故 事 描 述	优 先 级	故事点
1	作为产品负责人，我希望可以为用户故事添加业务价值、风险和成本信息，以便进行优先级划分	2-最好有	3
2	作为产品负责人，我希望可以使用故事点的方式估算用户故事规模，以便进行发布规划	1-必须的	1
3	作为项目经理，我希望可以在项目下创建一个或多个子项目，以便实现多项目管理	1-必须的	8
4	作为项目经理，我希望可以灵活显示项目的进度信息，以便及时掌握项目的进度	1-必须的	8
5	作为项目经理，我希望可以在项目群的层次上聚合项目的进度信息，以便及时掌握项目群的进度信息	1-必须的	3
6	作为项目经理，我希望可以在项目上添加项目费用信息，以便掌握项目的费用情况	3-可选的	5
7	作为项目经理，我希望可以在父项目上聚合所有子项目的费用信息，以便进行项目群的综合管理	3-可选的	3
8	作为项目经理，我希望可以收集到项目的构建信息，以便实际了解项目发布情况	3-可选的	5
9	作为项目经理，我希望可以订阅指定项目构建信息，以便监控冲刺计划的执行情况	3-可选的	5
10	作为项目经理，我希望可以订阅指定工作项完成信息，以便监控冲刺计划的执行	2-最好有	5
11	作为项目经理，我希望可以查看冲刺的燃尽图，以便监控冲刺计划的执行	1-必须的	5
12	作为项目团队成员，我希望可以方便地了解团队组织结构信息，以便进行高效团队协作	2-最好有	5
13	作为项目团队成员，我希望可以和其他项目团队成员及时通信，以便进行高效团队协作	1-必须的	5
			61

2．承诺阶段

承诺阶段则关注确定项目的主要发布，明确哪些故事应该被包含在近期的发布中实现，并在哪个冲刺中实现。一般项目的发布目标和主要里程碑会由项目的发起人、项目章程中的约束条件给出硬性要求。因此在发布规划的承诺阶段，首先应该明确这些硬性要求，确定项目的发布目标和主要里程碑。

（1）基于项目约束确定发布目标和里程碑

实现一个用户故事所需的时间是一个关于用户故事规模和团队速度的函数。而实现一个发布所需的时间就是一个关于发布的规模（以故事点或者理想日表示的估计）和团队速度的函数。现实世界中，项目的最终发布日期往往作为客户的刚性指标和项目的约束条件，在项目开始前就已经确定。这样，整个团队能做的只能是基于用户故事优先级，选择合适规模的用户故事。或者通过邀请更好技能的人加入团队、使用自动化工具，调整团队的开发速度，以满足发布时间的要求。

（2）团队的速度估算

速度是对小组进度的度量。可以通过计算小组在一次冲刺中完成的用户故事上分配的点数的总和来计算得出速度。一般情况下，可以采用以下三种方法进行团队的速度估计。

- ❑ 类比法：即使用历史值，作为参考基准，再结合新项目的复杂度、不确定性等因素，进行估计。

- ❑ 实验法：即尝试进行一次迭代，根据得出的实际速度值，作为未来估算的基础。这通常被称为"根据昨天的天气进行天气预报"。

- ❑ 预测：预测速度的最好方法是将用户故事首先分解成任务，然后由最熟悉该任务或可能完成该任务的人对所需的时间进行预测。

基于 SmartProject v1.0 项目的经验,产品负责人和 Scrum 主管知道团队的速度大约是 20～22 个故事点/冲刺。在综合考虑项目约束和团队速度以后,产品负责人和 Scrum 主管确定 SmartProject 2.0 产品整个发布计划应该包含三个冲刺,每个冲刺团队应该完成 20～22 个故事点的用户故事规模。

（3）确定近期发布中包含的用户故事

在敏捷开发规划过程中,项目经理一般采用业务驱动和风险驱动的方法,确定哪些故事应该被包含在近期的发布。所谓业务驱动,就是从业务价值（例如 ROI）、紧迫程度等角度,考虑用户故事的优先级。其实,敏捷开发采用用户故事描述需求的本身,就是为了使整个团队更加关注利益干系人的业务价值,关注完成和交付具有用户价值的功能,而不是完成孤立的任务。所谓风险驱动,就是从需求的完整性（对需求的了解程度）、确定性（易变程度）和复杂度（实现难度）的角度评估每个需求的风险,然后尽量在前面的冲刺中解决高风险的需求,再依次解决风险较低的部分。它能够帮助项目经理尽快地降低项目的风险,提高项目的成功率。

通过业务驱动和风险驱动的方法,SmartProject 2.0 项目团队决定在第一个冲刺中包含 4 个用户故事,总共 20 个故事点,见表 6.3。

3．适应阶段

最后在适应调整阶段,业务人员和开发人员可以根据具体业务需求的变化、客户的反馈和个人经验,调整发布计划中用户故事的优先级及相关用户故事描述和对用户故事的估计值等,最终完成发布计划。

表 6.3 SmartProject 2.0 项目团队在第一个冲刺中包含的用户故事

编号	故 事 描 述	优先级	故事点
1	作为产品负责人，我希望可以为用户故事添加业务价值、风险和成本信息，以便进行优先级划分	2-最好有	3
2	作为产品负责人，我希望可以使用故事点的方式估算用户故事规模，以便进行发布规划	1-必须的	1
3	作为项目经理，我希望可以在项目下创建一个或多个子项目，以便实现多项目管理	1-必须的	8
4	作为项目经理，我希望可以灵活显示项目的进度信息，以便及时掌握项目的进度	1-必须的	8
			20

6.2.2 迭代规划

敏捷规划的第二个阶段是迭代规划，其结果是产生为实现具体某次迭代目标而应完成的相关任务的迭代计划。采用 Scrum 方法时，迭代计划就是我们所说的冲刺订单，一般为 1 个月的时间。其主要目标是对在粒度较粗的发布计划中临近的发布中包含的需求（用户故事）进行细化，分解为可控制、可估算、可分配的任务。所以冲刺订单会比产品订单的内容详细得多。对产品订单中的用户故事进行估算时采用的是故事点或者理想日，而对任务进行估算则采用的是理想小时。如图 6.4 所示表示迭代规划过程。

每个冲刺开始时，均需召开冲刺规划会议。产品负责人、Scrum 主管和团队共同探讨该冲刺的工作内容。冲刺规划会议一般不超过 8 小时。在前 4 个小时中，产品负责人向团队展示最高优先级的产品，告知团队其预期目标；团队则向他询问产品订单的内容、目的、含义及意图，并基于团队的开发速度，选择要增加的用户故事，评估预期目标可实现的程度。而在后 4 小时，团队则主要对包含在本次冲刺中的用户故事进行细化，分解为可估算、可分配、可评测的工作项或任务，并由团队对完成每项任务所需的时间进行估算，以小时为单位。一般每个任务的工作时间应不超过 16 个小时，否则就应进一步分解。最终，产生本次冲刺的冲刺订单。

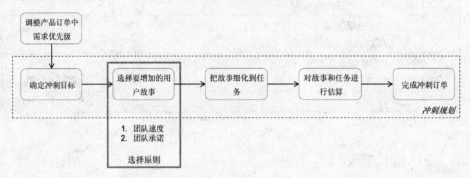

图 6.4 迭代规划过程

表 6.4 总结了发布计划和冲刺订单之间的主要区别。

表 6.4 发布计划和冲刺订单之间的主要区别

	发 布 计 划	迭代计划（冲刺订单）
规划时间周期	3～6 个月	4 周
规划对象	用户故事	任务
估算单位	故事点或理想日	理想小时

建立冲刺订单的过程会引导开发小组对产品设计和软件设计都展开讨论。例如，产品设计讨论的主题可能是关于诸如为了优化价值而对用户故事进行最佳的组合；对向客户展示可用软件后获得的反馈进行解释理解；或者是需要的功能应实现到何种程度（也就是说，是否 20%的努力就可以交付80%的价值？），等等。软件设计讨论则可能是关于采用何种体系结构层来

实现新的功能？应该采用哪种技术？是否可以重用已有的代码？等等。通过
这些讨论，开发小组可以更好地理解应该和将要构建什么东西，从而建立为
了达到此次冲刺的目标所需完成任务的列表。

6.3　在 RTC 中实现敏捷项目规划

如图 6.5 所示是一个敏捷项目规划过程。

图 6.5　敏捷项目规划过程

6.3.1　准备敏捷项目规划环境

在 RTC 中进行敏捷项目规划前，首先在"项目区域"的右键菜单中选
择"打开"命令，打开"项目区域编辑器"窗口。然后在"概述"页面中确
保项目"过程迭代"定义中的开发线、发布和迭代的定义符合项目的发布计
划要求。SmartProject 2.0 产品整个发布及冲刺的框架图 6.6 所示。通过在"过
程迭代"部分定义它们，将 Scrum 的发布计划、冲刺计划和 RTC 中预定义
的 Scrum 过程模板有效结合，实现软件开发过程的启发式地执行。

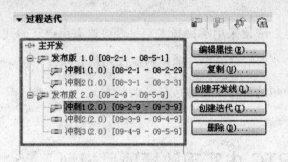

图 6.6　SmartProject 产品总体发布规划

　　同时，产品负责人和 Scrum 主管也可以通过"项目区域"的"过程配置"页面，对整个 Scrum 软件开发过程的角色、工作项（包括工作流和表单）、角色权限等进行定制，满足不同项目组的特殊管理要求，如图 6.7 所示。

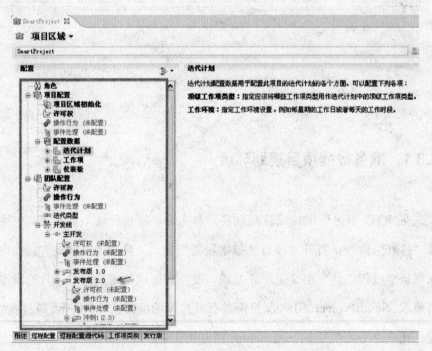

图 6.7　对 SmartProject 2.0 软件开发过程的定制

其次，如 5.3 节所述，在开始进行敏捷项目规划前，还要在"项目区域编辑器"窗口的"工作项类别"页面和"发布版"页面，完成"工作项类别"定义和"发布版"定义。

6.3.2　录入用户故事，生成产品订单

确定了发布计划大的框架以后，接下来要做的就是产品负责人负责录入产品订单中的用户故事。具体操作过程如下：

（1）在"工作项"透视图中的团队工件视图右击"项目区域"中的工作项，在弹出的菜单中选择"新建"|"工作项"命令。

（2）在"创建新的工作项"弹出窗口中选择"故事"选项。

（3）在故事的录入界面中依次录入故事的摘要、描述、故事点、归档针对目标、优先级和计划目标。其中，归档针对目标选择的就是在第 5.3 节中建立的工作项类别信息。它能够按项目的各种组件或发布对工作项进行分组。通过每个类别关联一个团队区域，使得该类别的工作项对制定团队区域的成员可见，他们将负责实现这些工作项。计划目标决定了该故事将被规划到发布计划中的哪个发布或冲刺中去。如图 6.8 所示，该信息来自于"项目区域编辑器"的"概述"页面中的"过程迭代"定义。

（4）最后还要在故事窗口的"验收测试"页面中输入验收测试的描述，如图 6.9 所示。

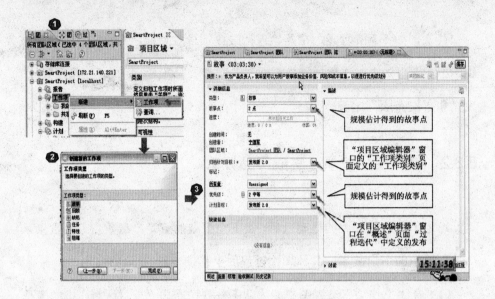

图 6.8　SmartProject 2.0 用户故事录入

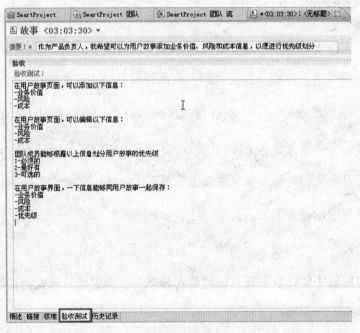

图 6.9　SmartProject 2.0 用户故事的验收测试描述录入

6.3.3　在 RTC 中制定发布规划

在 RTC 中进行发布规划的主要工作就是首先在"项目区域编辑器"的"概述"页面中，确保项目 "过程迭代"定义中的开发线、发布的定义符合利益干系人对项目的上市时间的刚性要求，尤其是关键发布里程碑的要求。默认的"过程迭代"中的相关定义来自于 Scrum 主管建立项目时选择的过程模板。我们也可以在此对项目的过程迭代定义进行定制。在定制过程迭代时，一般会考虑以下因素：

❑ 项目利益干系人对项目上市时间的刚性要求；

❑ 项目的主要约束；

❑ 项目选择的管理方法，例如本例中选择的是Scrum；

❑ 软件开发模式要求：是否并行开发，如何同时进行新版本的开发和老版本的维护工作。

例如，基于项目的具体要求，Smart Project 2.0 项目的"过程迭代"定制如图 6.6 所示。

然后，Scrum 主管开始编制发布计划。具体操作过程如下：

（1）在"工作项"透视图中的团队工件视图右击"项目区域"中的计划，在弹出的菜单中选择"新建"|"迭代计划"命令。

（2）然后在"新建迭代计划"弹出窗口中确保相关信息正确，如图 6.10 所示。

（3）在"工作项"透视图中的团队工件视图中的指定 SmartProject 2.0 项目区域中的计划部分，找到刚刚建立的发布计划并双击打开它。

（4）在打开的发布计划窗口的"计划的项"页面中，将会自动包含所有

计划目标为"发布版 2.0"的用户故事。Scrum 主管也可以在"概述"页面
中输入发布计划的描述或说明信息，如图 6.11 所示。

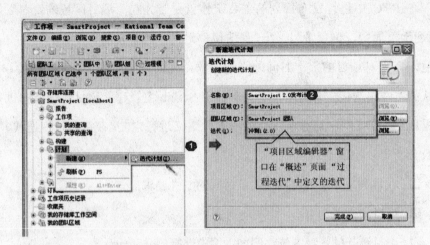

图 6.10　新建 SmartProject 2.0 发布计划

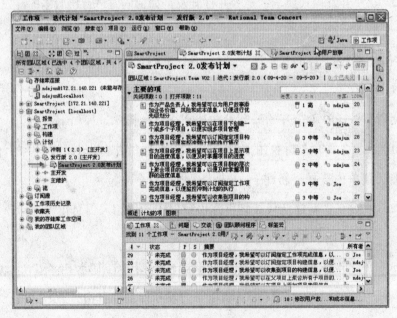

图 6.11　SmartProject 2.0 发布计划中包含的用户故事

6.3.4　在 RTC 中制定迭代规划

敏捷规划的第二个阶段是迭代规划，其结果是产生为实现具体某次迭代目标而应完成的相关任务的冲刺订单。冲刺规划一般发生在冲刺规划会议的后半部分，由产品负责人、Scrum 主管和团队共同对包含在当前冲刺中的用户故事进行细化。分解为可估算、可分配、可评测的工作项或任务，从而产生本次冲刺的冲刺订单。

在 RTC 中编制发布计划的具体操作过程如下：

（1）在打开的发布计划窗口的"计划的项"页面中，选中某项包含在本次冲刺中的用户故事右击，在弹出菜单中选择"添加工作项"|"任务"选项，如图 6.12 所示。

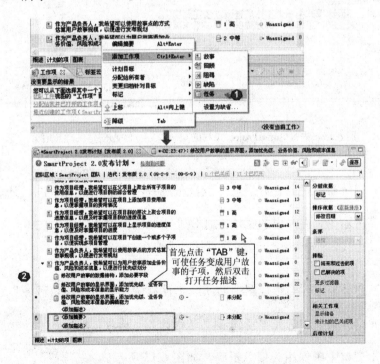

图 6.12　进行 SmartProject 2.0 的冲刺规划

（2）选中新建的任务，单击 Tab 键，可使任务变成用户故事的子项，然后双击并打开任务描述或单击任务，直接输入任务摘要和任务描述，如图 6.12 所示。

（3）同样在发布计划窗口中，修改任务的"估算值"，如图 6.13 所示。

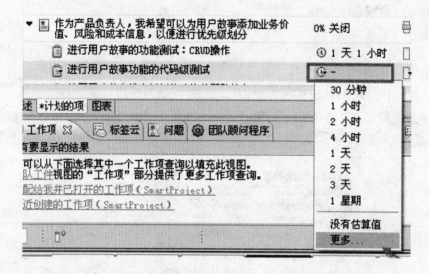

图 6.13　进行 SmartProject 2.0 的冲刺规划（输入任务的理想时）

（4）在所需的任务建好后，可以批量选择将要放到当前"冲刺计划"中去的任务并右击，在弹出的菜单中选择"计划目标"|"冲刺 1（2.0）"选项，如图 6.14 所示。

（5）在"工作项"透视图中的团队工件视图中右击"项目区域"中的计划，在弹出的菜单中选择"新建"|"迭代计划"选项，然后在"新建迭代计划"弹出窗口中确保相关信息正确，如图 6.15 所示。

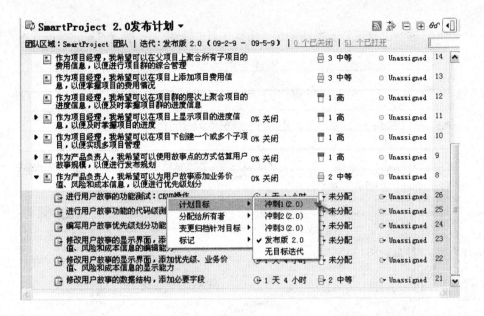

图 6.14　为任务指定冲刺计划

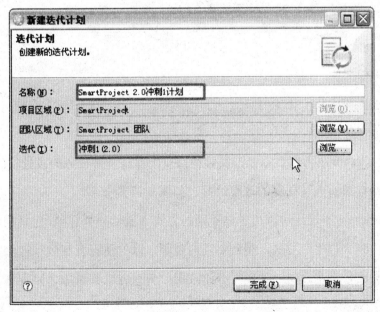

图 6.15　建立 SmartProject 2.0 的冲刺计划

（6）在"工作项"透视图中的"团队工件"视图中的指定 SmartProject 2.0 项目区域中的计划部分，找到刚刚建立的冲刺计划或冲刺订单，双击打开它。

（7）在打开的冲刺订单窗口的"计划的项"页面中将会自动包含所有计划目标为"冲刺 1（2.0）"的任务，如图 6.16 所示。

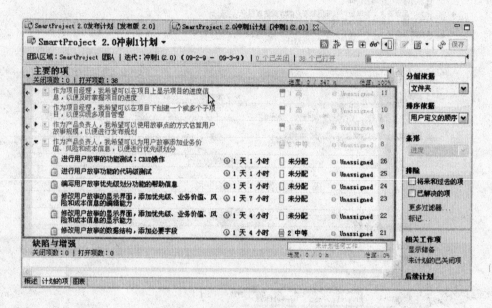

图 6.16　SmartProject 2.0 的冲刺计划

（8）Scrum 主管也可以在冲刺订单窗口中修改完善任务的各种信息，包括优先级、负责人、估算的理想时等，如图 6.17 所示。

（9）Scrum 主管还可以用各种不同的方式来显示冲刺订单，包括调整"分组依据"和"排序"方式，得到不同的视图，以方便查看和进行管理工作。例如，分组依据可以用"类别"分组或用"所有者"分组等，如图 6.18 与图 6.19 所示。

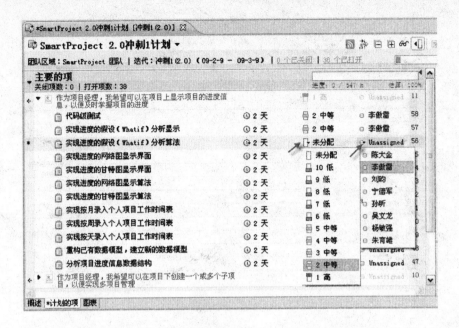

图 6.17　完善 SmartProject 2.0 的冲刺计划

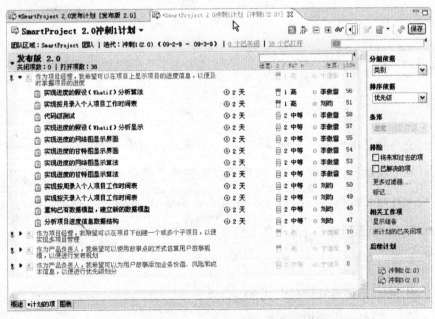

图 6.18　SmartProject 2.0 依据"类别"分组显示冲刺计划

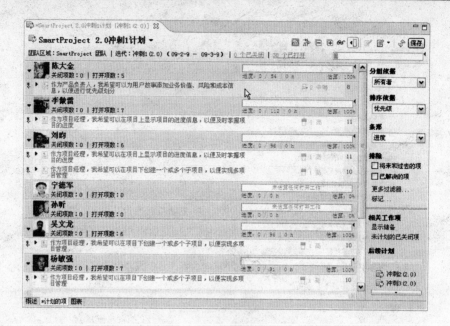

图 6.19 SmartProject 2.0 依据"所有者"分组显示冲刺计划

6.4 小结

本章首先举例说明了项目计划对软件交付项目管理的价值；其次从敏捷项目规划层次和方法的角度，向读者详细说明了敏捷项目规划的整个过程和两级项目规划最佳实践；最后，举例说明 SmartProject 2.0 项目团队如何在 RTC 中实现整个敏捷项目规划过程。

本章的主要知识点包括：

❑ 为什么要进行项目的规划；

❑ 敏捷开发中规划的层次；

- 敏捷项目规划过程：定义产品订单，发布规划，迭代计划；

- 发布规划的过程；

- 用户故事及其组成部分、描述格式；

- 用户故事的优先级排序和规模估算；

- 团队速度估算；

- 迭代规划过程；

- 迭代规划和发布规划的主要区别；

- 如何在RTC中实现敏捷规划过程。

第7章 团队音乐会第三乐章：软件交付项目的执行

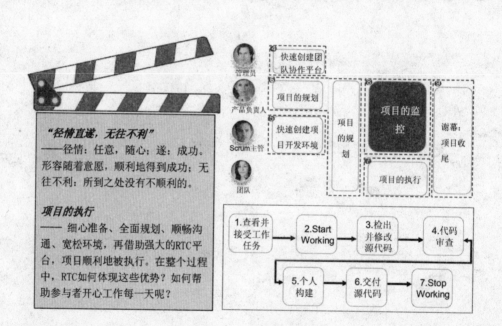

"径情直遂，无往不利"
——径情：任意，随心；遂：成功。
形容随着意愿，顺利地得到成功；无
往不利：所到之处没有不顺利的。

项目的执行
—— 细心准备、全面规划、顺畅沟
通、宽松环境，再借助强大的RTC平
台，项目顺利地被执行。在整个过程
中，RTC如何体现这些优势？如何帮
助参与者开心工作每一天呢？

在第 6 章中，产品负责人和 Scrum 主管制定了 SmartProject v2.0 当前冲刺计划，并把计划中的任务分配给开发团队中的各位团队成员。接下来团队成员应该去执行计划，完成计划中分配给自己的各项任务。

假定团队成员已经根据前面章节的内容，完成自己 RTC 开发环境的初化始，包括启动 RTC 客户端，连接 SmartProject，配置连接即时通信工具 Jabber，并且创建了自己的存储库工作空间和下载了最新的源代码（即 SmartProject v1.0 的最新源代码）到本地工作空间等。

在本章，我们将以团队成员完成某个工作任务为例子，说明团队成员完成任务的完整过程，包括查看并接受自己的工作任务、设置任务为当前任务、修改源代码、代码审查、私有构建、源代码交付、完成任务等，并将介绍构建人员如何如何进行集成构建，发布人员如何打基线等内容。

在详细地介绍团队成员的任务执行步骤之前，下面先对 RTC 非常重要的两个模块功能（配置管理与构建管理）进行介绍，让大家比较系统地了解其中的概念和功能使用。

7.1　RTC 配置管理功能

RTC 配置管理模块提供的是 IBM Rational 最新的软件配置管理技术。它提供了强大的源控制（Source Control）和配置管理功能，能够管理源代码和其他数字资产。该功能模块与经典的 Rational ClearCase UCM 模块有许多相似之处。不过 RTC 配置管理模块比 UCM 更加简洁易用。它吸收了 UCM 许多好的管理理念，在不损失功能的基础上又做了许多改进和优化，使用起来非常简单、方便。

RTC 配置管理模块不仅提供了强大的配置管理功能，可以满足各种规模项目，甚至是分布式开发的项目的配置管理需要。同时，该模块又能够与 RTC 的其他功能模块紧密集成，使 RTC 中的各种工件之间能够非常有好地关联，大大地简化了开发的管理需要。

下面对配置管理模块相关的一些主要概念及它们间的相互关系进行详细的介绍。

7.2 RTC 配置管理的基本概念

7.2.1 基本概念

1. 存储库

RTC 所有对象都是存放在存储库（Repository）中的。存储库是协作平台的 RDBMS 上一个安全的数据库，它的数据由 Jazz Team Server 负责管理。存储库其中的配置管理区域存储管理的是文件（如源代码、文档等电子化资产）与目录，每一个文件和目录都被表示为版本化的项。一个文件的不同版本通常有着不同的文件内容、属性、文件名和所属目录，文件可以被增加、删除、修改、改名和移动；一个目录的不同版本通常有着不同的目录名、在目录结构中的不同位置，同样目录可以被增加、删除、移动和改名。

2．项目区域、流与组件

存储库通常包含一个或多个项目区域（Project Area）。在企业中不同的项目区域用于开发不同的软件产品。因此，虽然一台 RTC 服务器只带有一个存储库，但该存储库可以同时支持多个产品研发团队进行并行的开发工作。对于某个软件产品的开发，该产品研发团队内部还可以有小团队并行进行不同版本的开发，例如该产品的当前 1.5 版本、新版本 2.0、旧版本的补丁 1.0bugfix 等三个不同版本。在一个软件产品中如何实现多个不同版本并行开发呢？RTC 通过在一个项目区域中创建多条不同的流（stream）来实现这样的并行开发需要。

流是一个共享的开发区域，通常项目中每个小团队都对应有自己的流（团队流），该流存放着该团队成员各自开发后的合并结果。每条流可以关联着一个或多个组件（Components），它把各个组件组合在起来，通过组合形成该产品的更大的模块甚至是组装成整个产品。每个组件是一组相关文件或目录的集合，例如一个产品的 GUI 源代码组件、核心代码组件、文档组件等。

通过使用多流，一个开发企业可以有多个项目工作在同样的组件集合上，但这些项目基于组件的不同版本内容进行开发。例如，一条流用于开发某个软件的最新版，它包含了该软件相关组件的最新版本。同时，另外一条流则用于维护该软件的早期版本，它则包含了相关组件的某个旧版内容。

组件与产品中的模块或子模块有对应关系。它们之间是多对多的映射关系，例如一个组件可以存放一个或多个模块的文件与目录。在项目规划时需要考虑产品的架构，例如产品对应的项目区域应该需要创建多少个组件。在一个大的项目中，一个模块可能对应着一个组件。把一个产品分解为多个组件，这对于构建分层软件，每个组件都能够进行独立开发和分开部署是非常有好处的。

如图 7.1 所示是某个软件产品与 RTC 存储库对象的映射关系图。

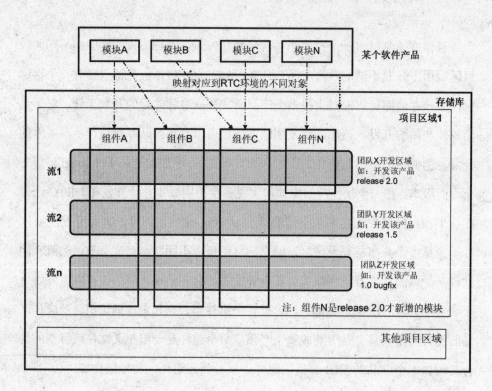

图 7.1　示例：某个软件产品与 RTC 存储库对象的映射关系

3．存储库工作空间、本地工作空间

　　流是团队成员工作合并与共享的区域。在流包含的各个组件中，文件和目录是以版本化的项进行存储，它们的数据和元数据能够被查看，但是不能直接被修改。团队成员要修改组件的文件与目录，需要使用自己的工作空间（Workspace），使用工作空间来查看并修改组件内容的区域，然后再把变更结果提交到该流中，如图 7.2 所示。

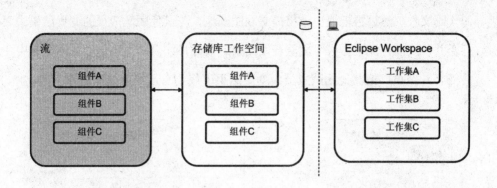

图 7.2　通过工作空间修改流的组件内容

　　工作空间分两种：存储库工作空间（Repository Workspace）和本地工作空间（Local Workspace）。存储库工作空间跟流一样，都是存储在 RTC 服务器上，它保存的组件需要被下载到团队成员客户端的本地工作空间才能真正被修改；本地工作空间是团队成员 PC 文件系统的本地目录。

　　在本书中，RTC 客户端是基于 Eclipse 环境的，使用的是 Eclipse 工作空间（Eclipse Workspace）。对于存储库工作空间的每一个组件，将被映射为 Eclipse 工作空间的工作集（working set），该工作集类似一个文件夹。如图 7.3 所示为存储库工作空间与 Eclipse 工作空间之间的映射关系。在存储库工作空间中每一个组件中的文件和目录对象下载到本地文件系统后变成文件和目录。需要注意的是，本地存储工作空间中下载的是文件与目录对象的某一个版本（由在创建存储库工作空间时指定的基线或流所决定）。

　　团队成员在基于某条流创建一个新的存储库工作空间时，该存储库工作空间会关联该流，并会复制该流的所有内容。在一个项目团队中，每个团队成员都可以有自己的工作空间，他们的存储库工作空间的默认流向目标（flow target）就是团队流。每位团队成员在自己的存储库工作空间上不受干扰地增加或修改

147

源代码文件，然后再把变更结果提交到团队流，与其他团队成员的变更结果进行合并，从而在流中形成了团队开发结果。另外，团队成员也可以从团队流中接受合并结果，把其他团队成员的变更结果下载到自己的存储库工作空间。

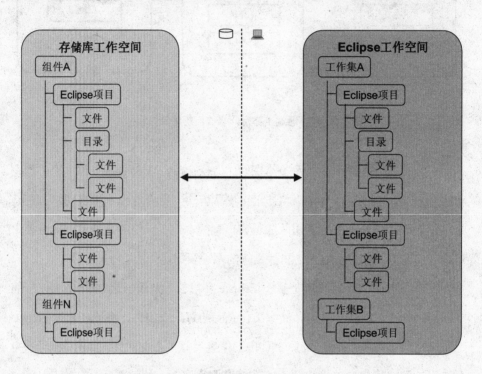

图 7.3　存储库工作空间与 Eclipse 工作空间之间的映射关系

团队成员的存储库工作空间其实可以有多个流向目标。流向目标可以是其他流或其他团队成员的存储库工作空间。通过设置不同的流向目标，可以把在某个存储库工作空间上的变更结果发送给其他团队成员，甚至是其他团队或项目组，从而带来非常灵活的、广阔的应用场景。

组件与流、存储库工作空间之间的映射关系如图 7.4 所示。

在 RTC 中，提供了基于流创建流动图（Flow Diagram）的功能，如图 7.5 所示。从该图中可以看到，从某条流中已经创建了哪些存储库工作空间，它们关联了哪些组件。当一个项目区域中包含了大量的流、存储库工作空间和组件，而且它们有着复杂的流动关联，流动图就能够非常有用地帮助我们分析它们之间的关系。

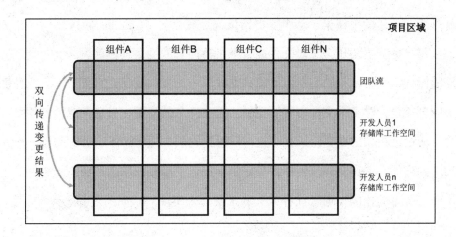

图 7.4　组件与流、存储库工作空间之间的映射关系

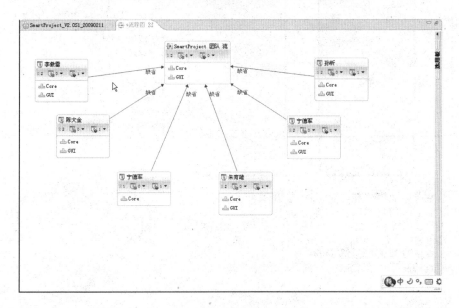

图 7.5　RTC 提供了流动图，帮助分析

4. 变更集

在存储库工作空间与流之间，存储库工作空间与其他存储库工作空间之间可以双向传递变更结果，这个变更结果就是变更集（Change Set）。

每一个变更集包含了对文件或目录个体内容的变更（例如删除、改名、转移等操作）。一个小的变更集可能只修改了一个文件的某几行；一个大的变更集则可能包含对多个文件内容的变更、对文件名的变更、目录名或内容的变更等。通过把相关的变更组织在一起，同时把它们作为一个不可分割的原子单元应用到存储库工作空间或流中。变更集不仅记录修改或增加了哪些源文件，还说明了变更的原因（通过注释或关联工作项来实现），如图 7.6 所示。

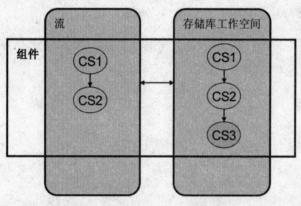

变更集：CS (Change Set)

CS1: 因某原因或工作项，创建了a.java & b.java文件
应用CS1的变更结果：
a.java(v1)
b.Java(v1)

CS2:因某原因或工作项，修改了a.java
应用CS2的变更结果：
a.java(v2)
b.Java(v1)

CS3:因什么原因或工作项，修改了b.java文件，新增c.java文件
应用CS1的变更结果：
a.java(v2)
b.Java(v2)
c.java(v1)

1. 在存储库工作空间创建的时候，从其他目标流上复制了变更集CS1与CS2；
2. 开发人员在存储库工作空间，基于CS1与CS2的应用结果进行变更，形成了CS3；
3. 变更集CS3是流上没有的新变更；
4. 当开发人员把CS3交付到流上，两个区域的内容就会完成相同；

图 7.6　变更集与组件的变更历史

由于组件被包含在不同的流或者存储库工作空间里，因而当一个变更发生时，它只会出现在某个存储库工作空间，然后通过复制方法（交付或接受），可以把变更集复制到其他流或者存储库工作空间中，从而实现以变更集为单位共享给其他团队成员。

一个组件的变更历史是由一系列按发生时间顺序排列的变更集构成的。一个组件的变更序列描述了一个组件是如何从零一直发展到现在。每个变更集都是基于前一个变更集，某个变更集的变更结果，是下一个变更集发生的基础。

面向变更集的变更方法大大地简化了变更工作，团队成员只需关注完成了哪些工作，形成了哪些变更集，无需再关注和记忆单个文件的变更情况。

5. 基线

一条基线（baselines）代表的是某个特定存储库工作空间或流中某个组件在某个时间点上有关它的配置的一份完整状态说明。一个组件的变更历史中包含了一条或多条基线，每条基线包含了该组件中每一个文件或目录的一个版本。因此，可以理解为基线就是组件的"版本"。一条基线由一个或多个变更集构成，交付或接受一条基线，其实是交付或接受它关联的所有变更集。

当要初始化流或者工作空间时，需要从组件集合中获取各个组件的在某个时间点上的内容，基线提供了非常重要的帮助。

6. 快照

快照（Snapshots）标记了某个存储库工作空间或流中所有关联组件的基线（每个组件一条基线），可以理解为快照就是存储库工作空间或流的"版本"。它对于我们获取一个工作空间或流中基线的组合非常有用，同时它对于记录工作空间或流的配置以便将来重新创建也非常有用。基线与快照示意图如图 7.7 所示。

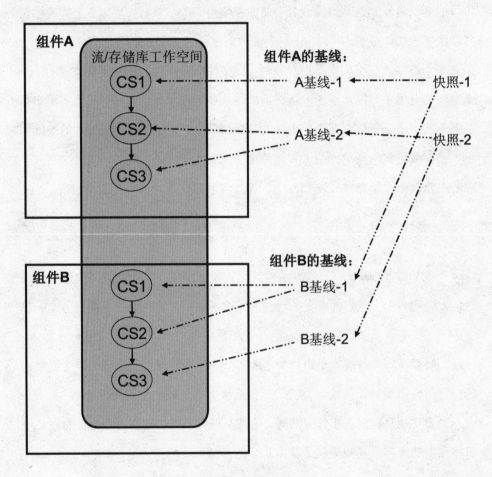

图 7.7　基线与快照示意图

7．RTC 的配置管理工作界面

如图 7.8 所示为 SmartProject 的配置管理工作界面。从该工作界面可以看到前面介绍的各个概念（存储库、项目区域、流、组件、存储库工作空间、存储库的文件等）在 RTC 客户端的组织与显示。

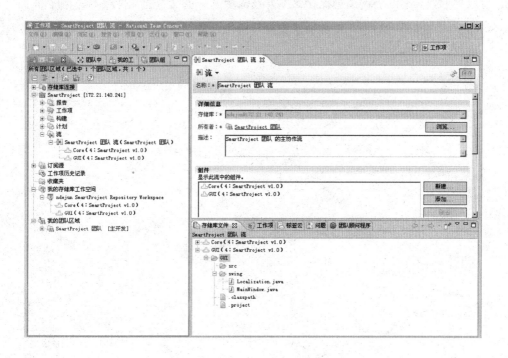

图 7.8　RTC 配置管理工作界面

8．有关多流

每个存储库工作空间都可以与多个流或多个其他存储库工作空间进行协作。最简单的模式是：每个团队成员有自己的工作空间，他/她工作在自己的存储库工作空间和本地工作空间上，并且从存储库工作空间向主开发流交付变更集，或者从主开发流接受变更集。如图 7.9 所示为一个多流的例子。

同样的机制能够支持更加复杂的使用模式。例如，一个团队的某个小组人员创建一条临时的流，用于开发某个功能。当功能开发完成之后，他们中的某个团队成员把所有变更集交付到主流上，然后再删除该临时的流。该团队还可以再创建其他的流，用于保存比主开发流更老、更稳定的文件版本。存储库工作空间可以同时与主开发流稳定流进行协作，从而可以很好地管理不稳定的开发版本和稳定的发布版本。

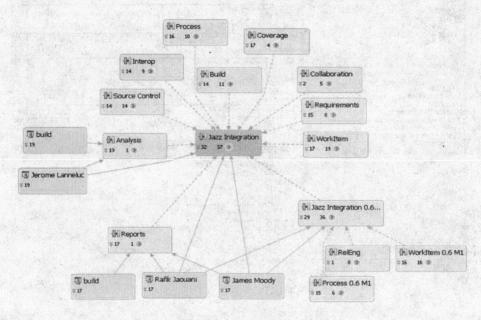

图 7.9　一个多流的例子

7.2.2　典型的变更流程

团队成员基于某条流进行团队协作，需要每个团队成员都要创建一个新的存储库工作空间，该空间将复制流的变更历史和配置。为了确定工作空间与流之间是否同步，双方的变更历史能够被比较。

在团队进行协作开发的时候，每个团队成员的工作空间都会与团队的流保持一定程度的同步。工作空间和流都有自己的基于变更集的变更历史，变更集在工作空间到流之间可以进行流转（复制）。如图 7.10 所示为一个典型的变更流程。

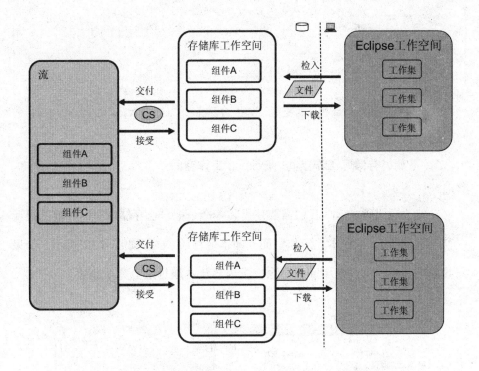

图 7.10   典型的变更流程（以两位项目成员协同开发为例）

在"暂挂的变更"视图中，当前团队成员拥有的每一个存储库工作空间视图都会跟它的默认流向目标和其他流向目标（流或其他存储库工作空间）进行自动、实时的比较。按组件分别列出源与目标的内容差异，即多了哪些变更集（传出变更集），或者少了哪些变更集（传入变更集）等，如图 7.11 所示。

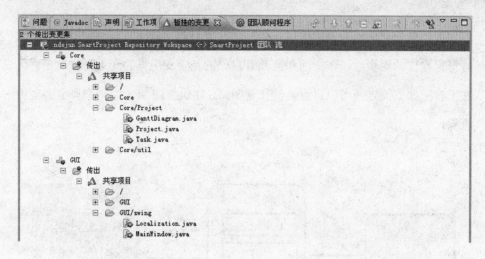

图 7.11 "暂挂的变更"视图（Pending Changes View）

1. 下载：存储库工作空间→Eclipse 工作空间

在修改源代码之前，我们需要使用装入命令把自己存储库空间当前的最新内容先下载到 Eclipse 本地工作空间（即本地目录）上，如图 7.12 所示。如果需要去除下载，可以使用卸载命令，把内容从本地目录上完全删除。

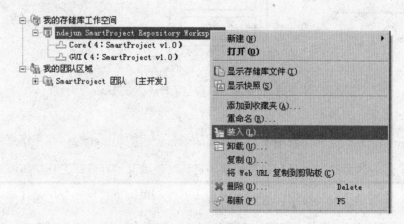

图 7.12 将存储库工作空间内容装入本地工作空间

2. 检入：Eclipse 工作空间→存储库工作空间

团队成员在本地工作空间上对文件和目录做的修改，通过检入操作，把变更复制到对应的存储库工作空间。当在本地工作空间的所有变更都被检入后，本地工作空间的内容与存储库工作空间的内容是一样的。

每次检入变更，变更就会成为工作空间当前变更集的组成部分。除非指定其他的变更集，不然所有的检入都会继续累积，直到完成它，或者把另外一个变更集作为当前变更集。

3. 交付：存储库工作空间→流

在你自己的存储库工作空间中发生的变更是私有的，只有你自己才可以看到，除非你自己决定把它们交付到目标流中，分享给其他团队成员。当你自己的存储库工作空间积累了多个变更后，团队成员可以通过一次的合并操作，把这些变更交付到对应的流中，与前面其他团队成员交付的结果进行合并，如图7.13 所示。

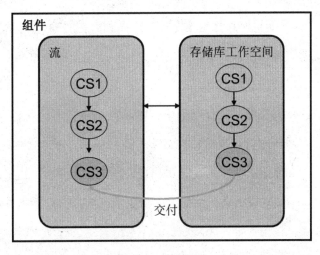

图 7.13　交付操作

在"暂挂的变更"视图中，当一个变更集被归类为传出变更集（outgoing change sets），则说明它出现在当前存储库工作空间中，但不存在于它的流向目标中。可以通过交付操作，把传出变更集交付到它的流向目标中。

4. 接受：从流→存储库工作空间

当你自己希望在你的存储库工作空间中使用其他人员做的变更，你需要把它们接受（accept）到你自己的工作空间中。

在"暂挂的变更"视图中，在传入变更集（incoming change sets）类中的变更集只存在于流向目标中。它是流向目标的变更历史，但不出现在存储库工作空间中。可以通过接受操作，把这些传入变更集增加到我们的存储库工作空间，并下载到本地工作空间中。接受完成后，该变更集就会成为存储库工作空间的变更历史的一部分。

5. 冲突与解决

当 RTC 在传入变更集和传出变更集中检测到潜在的冲突，它会把它们显示在"暂挂的变更"视图中。如果在接受一个传入变更集时导致冲突问题，可以选择合并，也可以选择放弃（discard），回退该变更集。该变更集将从本地工作空间中卸载，从并存储库工作空间中删除，重新回到传入变更集目录中。

两个或更多团队成员修改相同的文件或目录，冲突就会发生。当一个团队成员从流中接受其他团队成员的变更集到自己的工作空间时，这些冲突就必须得须得到解决。在团队成员真正接受这些变更集之前，RTC 就能够检测出潜在冲突并向团队成员提出告警。团队成员必须采取合适的行动来解决冲突，例如内容合并、回退变更或者接受并覆盖变更。冲突通常发生在两个工作空间修改同一个文件或目录的时候。不过冲突也可以发生在同一个工作空间中。当挂起（suspend）一个变更集之后，再修改它里面改过的文件，然后再继续（resume）被挂起的变更集，冲突也会发生。

冲突有两种类型，一种是内容冲突，另外一种是结构冲突。当传入和传出变更集包含了对同样文件的修改时，内容冲突就会发生，这时通常是其他团队成员修改了该团队成员正在修改的文件内容。结构冲突通常发生在传入和传出变更集包含了对同一个目录名字空间的修改，例如移动了目录、所属文件或目录改了名等。

7.3　RTC 构建管理功能

构建（build）是一个自动化的过程，它用于编译、打包和测试团队的工作结果：软件产品。一个团队通常有几种构建类型：持续构建（continuous builds）是一种经常性的构建，它由团队的源代码文件的变更进行自动触发；集成构建（integration builds）是团队开发生命周期的开发计划的组成部分，通常是定期执行；个人构建（personal builds）则由团队成员可能在任何时间触发，为了把变更集交付给团队之前进行质量验证。

这些构建通常是在独立的构建机器上执行的一种需要较长时间运行的批处理任务，需要的时间从几秒钟到几个小时不等。开发团队通常有几台专门的构建服务器来执行团队需要的各种不同的构建请求。

RTC 构建管理模块提供了构建进度监控、构建提醒、构建结果查看、构建与其他开发工件如变更集、工作项关联等功能，可以有效地提升团队进行构建的工作质量与效率。如图 7.14 所示为一个典型的项目构建环境。

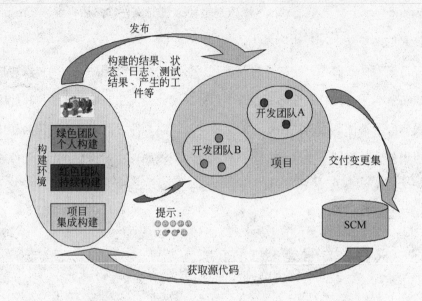

图 7.14　典型的项目构建环境

RTC 的构建模块对项目日常构建工作提供了自动化、监控和通知等方面的支持。在一个 RTC 构建环境里，可以同时支持一个项目中的多个开发团队同时进行构建。在图 7.14 中，红色团队和绿色团队有自己的构建定义。这些构建定义能够自动执行，定期向两个团队汇报他们已经交付代码的质量状况。如果某个构建失败了，他们会及时得到通知。在集成构建里，该构建会定期地自动执行，构建结果体现了整个项目的整体进展。当构建结束后，告警功能会及时通知团队构建是成功还是挫败，让团队能够及时采取相应的措施。

RTC 的、构建模块的设计目标是：把构建的状态和结果及时反馈给团队成员；并把构建结果能够与其他开发工件（如工作项、变更集、源代码等）很好地进行关联；而且它还能够支持还有各种现有的构建技术（如 Ant、

CruiseControl、BuildForge 等）。

7.3.1　构建环境的构成

　　RTC 的构建环境由三个部分构成：前端是团队成员的客户端，开发人员或构建工程师从客户端发出构建请求并查看构建过程和结果；中间是 Jazz Team Server 和存储库，构建的相关定义和过程数据都存储在中间层；后端是构建服务器，负责执行构建并返回结果，如图 7.15 所示。

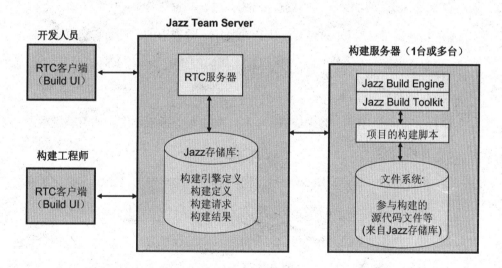

图 7.15　RTC 构建环境的架构

　　存储库为构建模块提供了一个数据模型，用于表示团队的构建定义、构建引擎、构建请求、构建结果等。该模型可以支持团队采用不同的构建技术。RTC 构建模块包含了 Jazz Build Engine 和 Ant Build Toolkit。它们被安装到构建服务器上，执行构建脚本，并将构建结果信息发布到 RTC 存储库中。Ant Build Toolkit

最适用于 Ant 构建，可以使用其他任何能够调用 Ant 的任何脚本技术。例如，团队可以使用 Perl、DOS 批处理文件，Make 来创建能够与 Jazz Build Engine 进行交互的构建脚本。

RTC 构建模块的基本目标是支持 Apache Ant。但其他构建技术也可以使用。为了让团队成员获得更细的构建提醒功能，所使用的构建技术要能够调用 Ant。RTC 提供了多种 Ant 任务，包括跟踪构建进度、发布构建工件到存储库等任务。还有许多的构建脚本能够无需修改就在 RTC 上使用。还有一些则需要少量修改，在合适位置加入 RTC 提供的 Ant 任务就可以了。

以下是一些与构建相关的对象，它们存储在存储库中。

❑ 构建定义（Build Definition）：定义了一种类型的构建。它指定了从哪里获取源代码参与构建，执行什么样的构建脚本，什么时间定期执行，在哪台构建引擎上运行等。

❑ 构建引擎（Build Engine）：运行在构建服务器上物理构建引擎进程的逻辑定义。

❑ 构建请求（Build Request）：代表运行一次构建的请求。它指定了具体的构建定义，可能还为构建定义设置了其他属性值。

❑ 构建脚本（Build Script）：描述了构建过程包含哪些步骤、任务，使用RTC设计的任务与RTC服务器进行沟通，反馈构建进度和构建结果等信息。

❑ 构建结果（Build Result）：代表构建输出，包括构建生成的工件、日志等信息。

所有与构建相关的对象都属于某个项目，同时构建过程是受到项目开发过程的管控。SmartProject 的构建用户界面如图 7.16 所示。

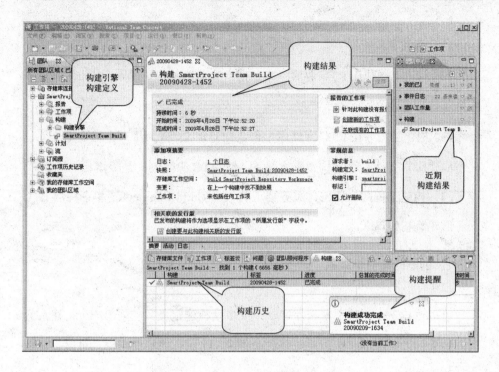

图 7.16　SmartProject 的构建用户界面

7.3.2　构建环境的设置

搭建并设置一个典型的构建环境通常包含以下步骤（可以查看第 4 章与第 5 章的相关内容，我们已经详细地介绍了如何搭建和配置 SmartProject 的构建环境）：

（1）团队的构建工程师在构建服务器上安装与配置 RTC 构建工具包（包含 Jazz Build Engine 和 Ant Build Toolkit）。该工具包可以理解为 RTC 服务器的客户端（它是没有用户界面的客户端），通过轮询方式访问 RTC 服务器，而无需服务运行在构建服务器上。

（2）构建工程师在 RTC 存储库中创建一个对应的构建引擎，并指定该引擎支持哪些构建定义的运行。

（3）构建工程师在 RTC 存储库中创建构建定义，并为每一个构建定义创建一个构建脚本文件。通常构建脚本是加入到 RTC 源控制，是版本化的对象。

（4）构建工程师启动构建服务器上的 Jazz Build Engine，该引擎将从 RTC 服务器轮询构建请求。

1. 创建构建引擎对象

可以创建一个构建引擎来支持一个或多个构建定义。当创建一个构建定义时，如果构建引擎不存在，系统会自动创建一个默认的构建引擎。可以设置默认的构建引擎，也可以创建一个新的。

2. 创建构建定义与构建脚本

可以基于 RTC 提供的各种构建模板来创建一个构建定义，例如 Ant\ Command Line 或者 Maven。

某个构建定义能够设置为定期执行，例如可以设置某个构建按照某个间隔时间运行，或者是按照存储库的源代码是否已经被修改了来决定是否执行。也可以设置某个构建在每个指定的某个时间点自动执行。不同项目的构建任务是不一样的。除了对源代码进行编译并打包成某种需要的格式之外，构建任务还可以包含其他步骤，如自动化测试、运行代码质量检测工具等。

一个构建的详细任务是由一个或多个构建脚本来指定的。不同项目的构建脚本也是不一样的，它们通常由项目的发布工程师来编写。不同项目包含的构建任务可能是不一样的。

3. 启动构建引擎进程

RTC 构建引擎能够处理构建请求。可以通过命令行来启动一个构建引擎，并直接在构建引擎的终端上直接终止构建引擎的运行。

7.3.3　构建的执行过程

从 RTC 客户端，可以执行以下任务：

❑ 提交运行一次构建定义的请求；

❑ 检查构建的状态；

❑ 查看已经完成的构建输出，如日志、可下载工件等。

当项目成员从 RTC 客户端向 RTC 服务器发出构建请求后，该请求将触发相关构建定义中描述的构建过程。如图 7.17 所示。

1. 构建引擎接受构建请求

构建引擎轮询 RTC 服务器，当它获得一个构建请求时，就马上执行相应构建。构建请求标识了构建定义，它还可能包含了一些属性值设置，用于覆盖默认设置。构建引擎运行构建定义指定的构建脚本。每一个构建定义都有关联构建脚本，构建脚本通常是由 RTC 进行版本管理的。可以从"团队工件视图"来请求一个构建，也可以修改构建属性值，或者请求一个个人构建。该构建不会影响原来的构建定义状态，它只使用你自己指定的存储库工作空间的内容。

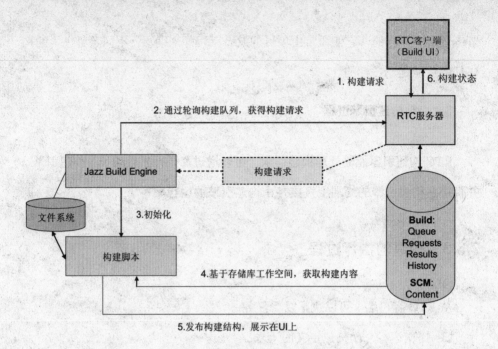

图 7.17　一个构建请示的执行过程

2．构建引擎执行构建脚本

构建脚本运行 Ant 任务，通过 Ant 任务与 RTC 服务器进行通信，从流或存储库工作空间中获得源代码进行编译，汇报进度，并创建构建输出，包括工件、日志、链接等。这些构建输出会被存储到存储库中，使团队成员能够方便地查看日志和下载构建工件。

3．查看构建结果

可以查看构建结果，如查看执行小结、日志和属性。当一个构建请求开始被处理时，就可以通过"构建"视图实时刷新和查看正在进行的构建结果。构建的输出包括：可以下载的构建工件有可执行文件、编译器输出日志信息、测试结果和日志等。存放在存储库中的构建输出信息是分类的，团队成员可以仔细查看日志或下载构建的工件等。

7.4　开发人员初始化开发环境

根据前面章节介绍，Scrum 主管已经将工作分派给团队成员，每个人员将使用 RTC 开展个人工作。首先每个人员应该初始化自己的开发环境，为后续工作做好环境准备，我们将以团队成员陈大金为例来说明个人开发环境的初始化过程。

1. 启动 RTC 客户端

（1）开发成员陈大金单击 标识，启动 RTC 客户端。

（2）指定工作空间，如图 7.18。

（3）单击"确定"按钮。

图 7.18　创建本地工作空间

2. 连接 SmartProject

如第 5.7 节所述，开发人员陈大金通过配置存储库连接和项目区域连接，连到 SmartProject 之中。

3. 创建自己的存储库空间并下载最新的源代码等

开发人员能够进行工作的前提是建立存储库工作空间。开发人员陈大金在连接上 SmartProject 之后，立刻创建了存储库工作空间，并且按照默认配置将服务器端最新代码下载到本地，为开发工作打好基础。

4. 完成 RTC 客户端的某些设置

最后，开发人员还可以根据需求和喜好配置客户端参数，方便日后的工作。

配置即时通信：选择"窗口"|"首选项"，再选择即时消息传递，并单击"添加"按钮。在"供应商"中选择 Jabber XMPP 服务器。在"服务器"文本框中填写 localhost。在"用户标识"文本框中填写用户名。在"密码"文本框中填写密码，最后单击"确定"按钮，如图 7.19 所示。

图 7.19　配置即时通信

❏ 单击"连接"项，发现配置变成绿色，表明已经登录上即时通信服务器，如图7.20所示。

图 7.20　配置即时通信连接

❏ 修改自动检入设置：每当源码被修改保存之后，系统可以自动检入，简化了开发人员的操作步骤。选择"小组"|"Jazz source control"|"检入策略"选项，选中"自动检入本地变更"复选框，如图7.21所示。

❏ 网络设置：如果网络有代理，选择"常规"|"网络连接"选项，配置相应的代理参数。

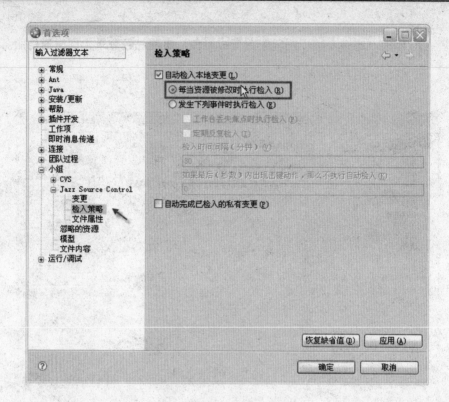

图 7.21　配置自动检入设置

7.5　开发人员完成工作任务的过程

在初始化环境之后，开发人员陈大金便进入到了正常的开发轨道。首先他需要知道 Scrum 主管给他分配了哪些任务，然后接受任务并进行工作。

1. 查看并接受工作任务

确保打开工作项透视图。打开"我的工作"视图，开发人员陈大金在"收件箱"页面中发现 Scrum 主管孙昕已经安排了很多任务给自己，如图 7.22 所示。

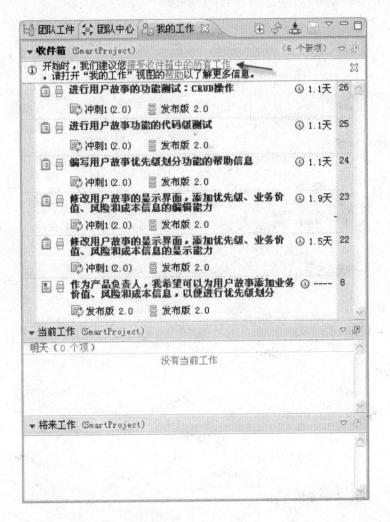

图 7.22 查看接受任务

开发人员陈大金单击"接受收件箱中的所有工作"，准备展开开发工作。

此时，所有任务变成接受状态，出现在"当前工作"页面中，如图 7.23 所示。

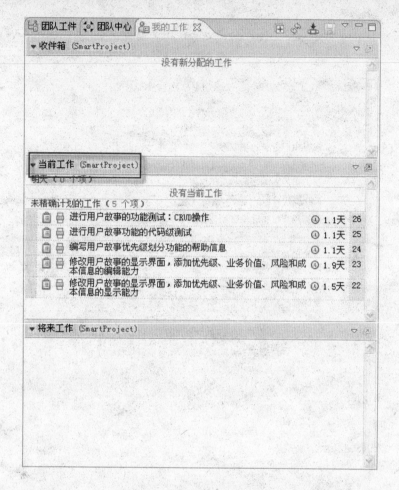

图 7.23　查看当前工作

2．选择任务开发工作

如图 7.24 所示，在"当前工作"页面，陈大金选择任务"编写用户故事优先级划分功能的帮助信息"，单击右键，在弹出的菜单中选择"开始工作"命令。

可以看到，在屏幕右下角出现 24 号任务"编写用户故事优先级划分功能的帮助信息"，表示为默认的活动任务，如图 7.25 所示。

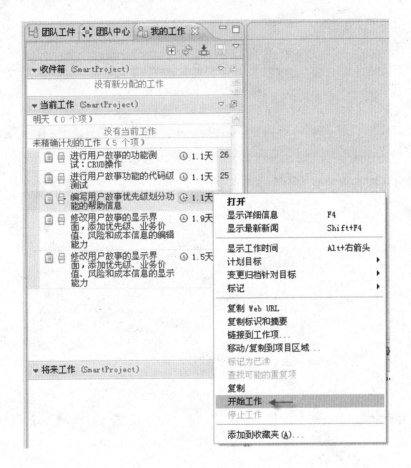

图 7.24　开始工作

3．开始代码编写工作

对于任务"编写用户故事优先级划分功能的帮助信息"，开发人员陈大金开始了真正的编码工作。

图 7.25　显示当前任务

首先为了完成任务，陈大金需要创建 storyhelp.html 文件，并进行编写工作。如图 7.26 所示，陈大金切换到 Java 透视图中，选择 GUI 下的 Swing 目录，单击右键，在弹出的菜单中选择"新建"|"文件"命令，打开新建文件窗口。

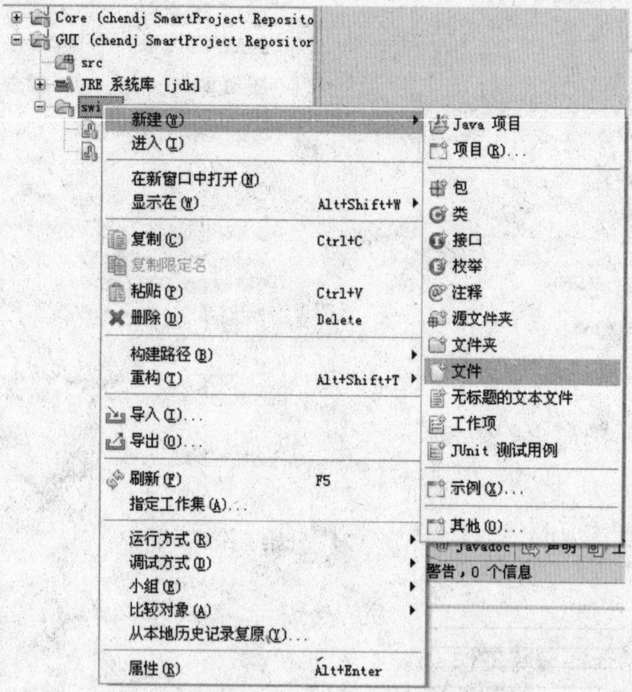

图 7.26　创建文件

新建文件窗口打开后，陈大金输入文件名称 StoryHelp.html，如图 7.27

所示。

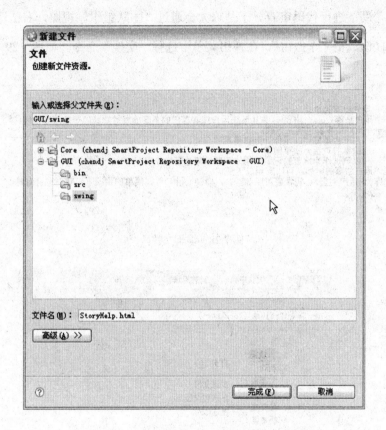

图 7.27 创建文件

选择文件编辑器，开始编辑 StoryHelp.html，如图 7.28 所示。

为了完成此任务，开发人员陈大金还需要对程序 MainWindow.java 进行修改。操作同上类似。最后保存所有修改。

4. 代码审查

代码审查是敏捷开发的一个最佳实践。团队成员之间的相互检查会大大提高代码的质量，减少缺陷的产生。开发人员陈大金在编码完成后需要在同事李傲雷的帮助下进行代码审查。于是陈大金通过"团队组织"视图，右击选择另外一个团队成员"李傲雷"，在弹出菜单中选择"交谈"命令，如图 7.29 所示。

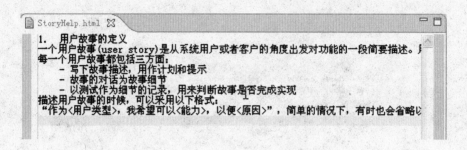

图 7.28　编辑文件

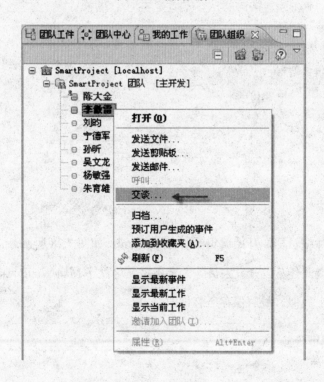

图 7.29　交谈

此时在 RTC 中出现"交谈"视图。将"交谈"视图拖动到 RTC 界面的一个新位置上，然后在"暂挂变更"视图中选择任务 24"编写用户故事优先级划分功能的帮助信息"。按住鼠标左键拖动此任务至"交谈"视图中，则任务 24"编写用户故事优先级划分功能的帮助信息"就会出现在"交谈"视图中，如图 7.30 所示。

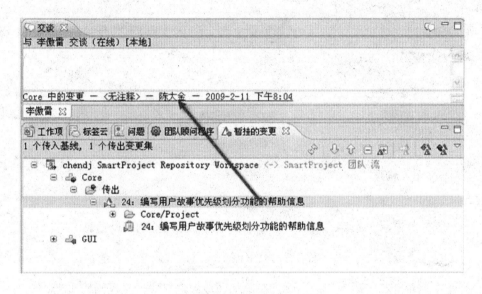

图 7.30　共享变更

在"交谈"视图中，陈大金在确认之后按 Enter 键，将变更集信息发送给李傲雷。在李傲雷 RTC 客户端的"交谈"视图中就会立刻出现陈大金发送的变更集，如图 7.31 所示。单击之后便可详细查看陈大金编编写的代码（MainWindows.java 和 StoryHelp.html），单击打开进行代码审查，如图 7.32 所示。

李傲雷可以在"交谈"视图中根据审查的结果和陈大金进行即时沟通。

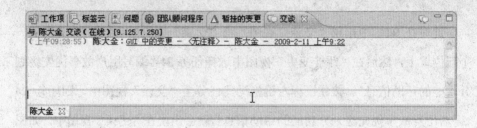

图 7.31　查看消息

图 7.32　查看源码

5. 个人构建

陈大金根据任务 24"编写用户故事优先级划分功能的帮助信息"编写了代码，并且李傲雷进行了代码审核。在审核完成之后代码交付之前，陈大金还需要进行个人构建，开展单元测试工作，从而最大化保障提交代码的质量。

如同第 5.6 节所述，每个人员都可以选择构建定义 SmartProject Team Build。右键单击，在弹出的菜单中选择"请求构建"命令，发起构建请求。需要指出的是，此时的构建为个人构建，而不是集成构建。即构建的目标源是开发人员个人编写的代码。陈大金提交构建，需要配置一些参数：选择个人构建，选择自己的存储库工作空间，如图 7.33 所示。

提交后，构建成功完成，如图 7.34 所示。

RTC 自动提示出 Alert，通知相关人构建成功，如图 7.35 所示。

图 7.33　请求私有构建

图 7.34　构建完成

图 7.35　构建完成通知

6. 交付源代码

陈大金在成功构建之后进行了测试，确保了代码的正确性。这时需要将修改的代码交付到整个团队区域。陈大金选择"暂挂的变更"视图，在 GUI 组件下出现"传出文件"，选择 GUI 并右击，在弹出的菜单中选择"传递"命令，从而实现代码的交付，如图 7.36 所示。

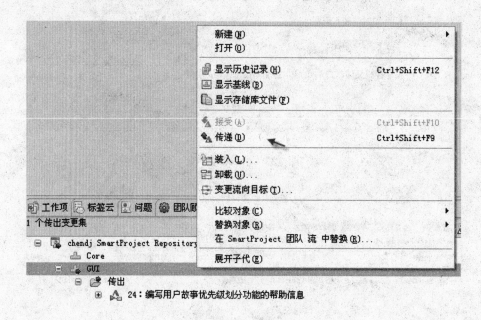

图 7.36　代码交付

通过 RTC，开发者可以更加方便地管理多任务。如果陈大金进行了多个任务操作，在 GUI 下的传出文件中会出现多个任务。陈大金可以选择全部或者一部分交付到团队区域。RTC 帮助开发人员更合理科学地安排自己的日常工作。

交付完成后则需要停止此项工作。在"我的工作"视图中选择刚才的任务并右击，在弹出的菜单中选择"停止工作"命令，如图 7.37 所示。

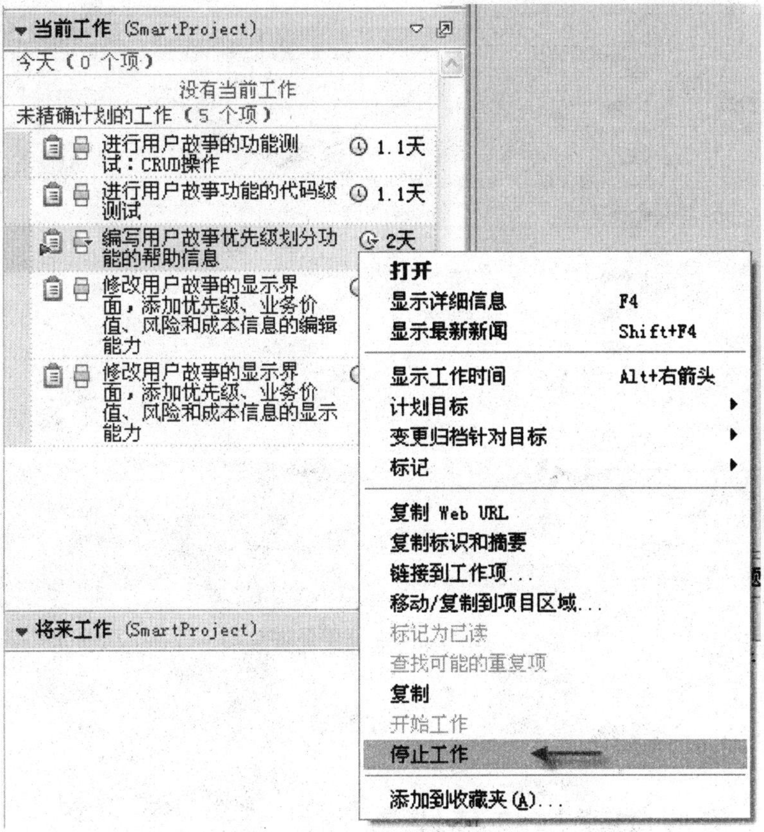

图 7.37　停止工作项

　　同时，陈大金需要标识出来此任务已经解决。打开该工作项，将其状态修改为已解决，表明此任务已经成功完成，如图 7.38 所示。另外，我们可以看到任务 24 查看界面中出现变更集。变更集代表了所有关联到 24 号任务上的代码变化。通过变更集 RTC 将源码的变更和任务紧密联系在一起，实现任务到源码的双向追踪。

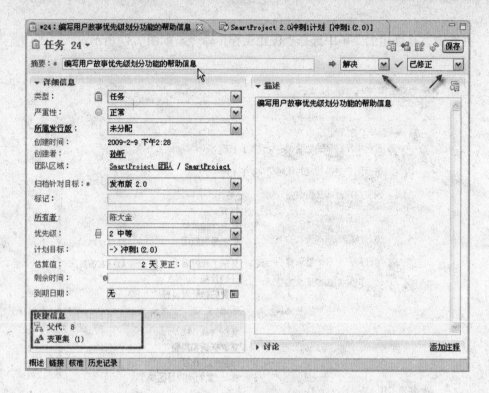

图 7.38　查看工作项

7.6　集成构建与打基线

在陈大金展开工作的同时，团队成员李傲雷也进行了编码工作。所有的操作和陈大金完全类似，并修改了若干程序文件，最终也提交到团队区域。此时，Scrum 主管孙昕首先安排构建工程师进行团队集成构建，以保障所有提交代码在集成后没有问题。并且在验证之后，Scrum 主管开始打基线的工作，保存工件历史信息。

1．集成构建

在构建之前，构建工程师朱育雄需要将服务器上所有最新的代码获取到本地。此时陈大金和李傲雷都已经提交了修改的代码，在朱育雄 RTC 客户端中的"暂挂的变更"视图中会发现有"传入文件"，表明了团队区域中有更新的文件。此时朱育雄通过接受操作，将陈大金以及李傲雷编写的代码统一更新到本地，如图 7.39 所示。

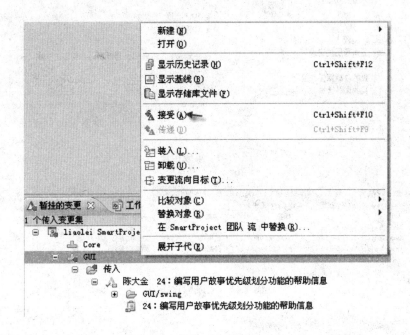

图 7.39　代码接收

与先前陈大金构建的操作一样，构建工程师朱育雄发起了一次构建工作，并按照默认配置提交，如图 7.40 所示。

从图 7.41 可以看到，构建成功完成了。

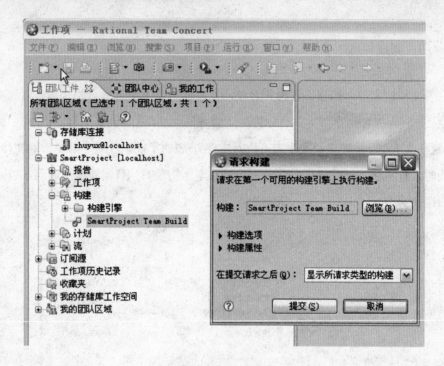

图 7.40　集成构建

	构建	标签	进度	估...	开始时间 ▼	持续时间	标记
✓	SmartProject Team Build	20090211-1014	66%（正...	不...	2009年2月11...	4 秒	
✓	SmartProject Team Build(...	20090211-0937	已完成		2009年2月11...	7 秒	
✓	SmartProject Team Build	20090209-1634	已完成		2009年2月9日...	12 秒	

图 7.41　集成构建完成

2. 给组件打基线

集成构建完成后，团队可以进行集成测试工作。在测试成功之后项目到达了一个里程碑，此时需要记录下这一时刻。RTC 的基线和快照功能帮助系统记录下所有的历史和里程碑，也为日后管理工作打下了坚实的基础。

构建成功完成之后，是一个成功的历史点，此时 Scrum 主管孙昕需要给组件打基线。孙昕选择 Core 组件，并单击右键，在弹出的菜单中选择"基线"命令，如图 7.42 所示。

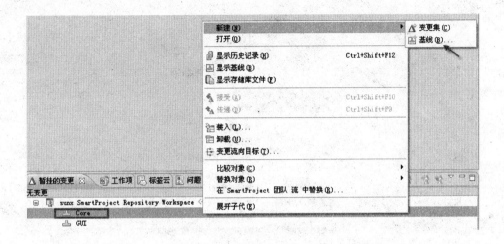

图 7.42　打基线 1

在新建基线对话框中输入基线名称和描述，单击"确定"按钮，如图 7.43 所示。

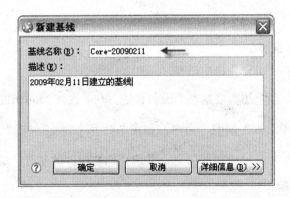

图 7.43　打基线 2

同理，孙昕选择 GUI 组件，如上述操作一样，打基线。

选择"暂挂的变更"视图，右击选择"xxxx 工作区"， 在弹的出菜单中选择"传递"命令，基线被上传到服务器上，如图 7.44 所示。

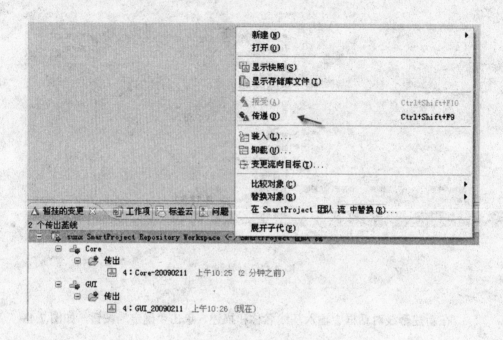

图 7.44　打基线 3

3. 给流打快照

Scrum 主管孙昕还需要给整个流打快照。右击选择"SmartProject 团队流"，在弹出的菜单中选择"快照"命令，如图 7.45 所示。

在"新建"对话框中填写信息，并选择想要组件的基线，单击"确定"按钮，如图 7.46 所示。

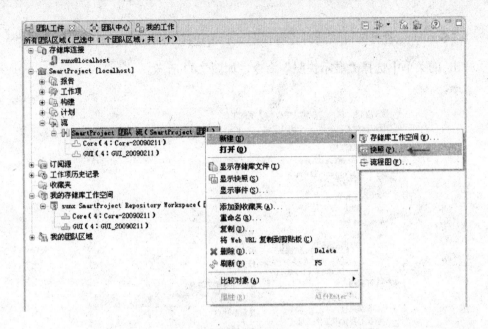

图 7.45　打快照 1

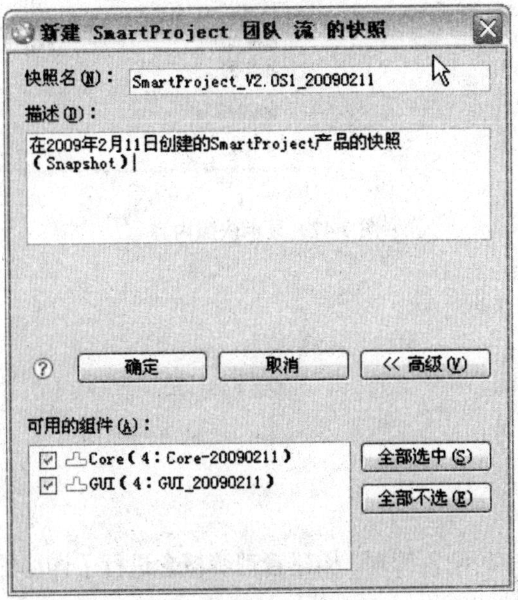

图 7.46　打快照 2

Scrum 主管孙昕可以随时查看快照。右击选择"SmartProject 团队…"，在弹出 的菜单中选择"显示快照"命令，如图 7.47 所示。

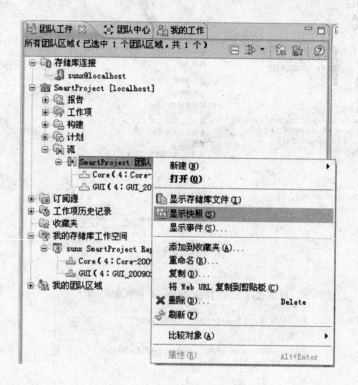

图 7.47 显示快照内容

7.7 小结

本章对 RTC 中的配置管理、构建管理等概念进行了详尽的阐述，并列举了一个完整的开发团队工作案例：从个人初始化环境、查看并接受工作任务，到代码开发、团队审核、交付，最终集成构建和打基线。完整的过程说明让读者切身感受到一个团队是如何使用 RTC 顺畅地进行软件交付工作。第 8 章将向读者详尽展现 RTC 监控项目的能力。

本章主要知识点如下：

❑　流（Stream）；

❑　存储库工作空间（Repository Workspace）；

❑　Eclipse工作空间（Eclipse Workspace）；

❑　组件（Component）；

❑　变更集（Change Set）；

❑　冲突与解决（Conflicts & Resolutions）；

❑　基线（Baseline）、快照（Snapshot）；

❑　构建引擎；

❑　构建定义；

❑　构建结果。

第8章 团队音乐会第四乐章：软件交付项目的监控

"知微知彰，了若指掌"

——微：细小。彰：明显。既了解细小的萌芽状态，又了解发展起来后的显著特征。形容了解事物发展的始末。

作为管理者和参与者，面对不同的团队成员、纷繁变化的需求、频繁更改的代码，以及大量的测试，如何能对项目能做到知微知彰，了若指掌呢？

第 7 章讲述了开发团队根据制定的计划展开了开发工作。在项目进行过程中，产品负责人、Scrum 主管和团队成员需要及时了解项目各种信息。本章将向读者详细介绍 SmartProject 项目组如何通过 RTC 实现项目监控。

项目管理者必须拥有的一个核心基本能力就是项目状况的感知力——感知被管理的事务和对象。对于一个楼宇建设项目，建筑、原材料等事务的变化可以帮助管理者较容易的了解项目的进展情况。然而，软件交付项目的监控则成为项目经理和管理者的难题。不同于传统项目，软件交付项目的载体是软件，而软件非常难于被传统手段所感知。如图 8.1 所示，对于这种类型的项目，管理者应该从两个维度来实现监控。

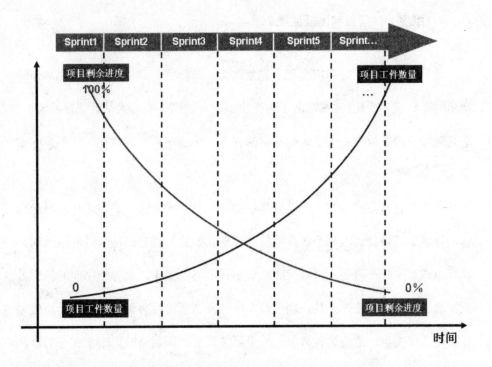

图 8.1 监控维度

第一是项目和团队监控维度。即传统项目管理的需求——按照时间轴对项目状况、进度进行监控，从而更好的管理整个项目。同时还需要对资源、人员的状况了若指掌。

第二是工件维度。软件交付项目在整个过程中产生了需求、模型、任务、代码等大量工件，这些工件带有典型的软件行业特征。随着项目进展工件不断演进，管理者则需要对工件的整个生命周期（萌芽、发展、成熟等）知彰知微。否则一切都成为水中花、镜中月，无法落地。

那么这两个纬度的监控应该包含哪些手段呢？下面我们将逐一展开。

1. 维度一：项目和团队监控

敏捷宣言之一：随需应变重于循规蹈矩。敏捷宣言并没有告诉我们如何才能实现随时应对变化。实现随时应对变化最重要的核心能力就是对项目的监控。缺乏对项目的掌控则失去了敏捷本身的含义，敏捷不意味着简单，更不意味着混乱。

作为软件开发的参与者，无论是敏捷还是传统的开发，最为困扰项目经理和项目组成员是什么？几乎所有项目经理首先想到的就是：项目进度不透明、项目组成员工作不透明、项目健康状况不透明等。多年以来各个层面的管理者试图通过不同的方法、工具、制度对整个开发项目进行有效的监控，然而效果往往是事倍功半。造成这种情况的一个至关重要的因素是缺乏一个真正的协作平台。纵观软件工程的历史我们可以发现，从配置管理、项目管理、构建管理到软件工程各个环节，最为成熟的团队也只能是通过不同的工具集成来实现统一的项目监控管理。然而集成的代价之大甚至超出了集成带来的收益。反而言之，各个环节工具割裂的使用使得软件交付项目无法真正被透明化管理，信息游离在各个工具之间。

回过头来，Scrum 开发方法下的软件项目面临着同样严峻的挑战。与传统开发不同的是，Scrum 更强调灵活、应变、沟通，这些对项目监控也提出了更高要求。本章以 Scrum 方法为例，描述应用 Scrum 方法的开发团队在项目的各个阶段各种角色如何使用 RTC 掌控项目。

此维度中管理者需要的监控手段包括：

❑　监控手段1：监控变更情况；

❑　监控手段2：监控工作项；

❑　监控手段3：监控项目和团队健康状态；

❑　监控手段4：监控个人工作健康状态；

❑　监控手段5：监控迭代健康状态；

❑　监控手段6：统计报表。

2．维度二：工件监控

除了项目和团队监控维，还有另外一个维度——工件监控。软件项目最终是一个软件交付的过程，随着时间的变迁，软件从最初的需求逐步形成最终的交付物。整个过程中所有的电子资产都称之为工件。如何对工件知微知彰呢？大家可以设想一下：如果项目参与者可以追踪需求工件的演进过程，直至到哪个版本实现了该需求。或者参与者可以追溯构建后的代码，知道产生这次构建的原因，甚至知道是哪些程序发生了变化，谁修改了哪些行……。当我们谈及这些的时候似乎很多人认为这是一个理想世界，一个很难实现的梦想。然而 RTC 可以帮助大家轻松实现。对于项目中的工件，我们可以既了解工件细小的萌芽状态，又了解发展起来后的显著特征，从始至终，如指诸掌。

此维度中管理者需要的监控手段包括：

❑ 监控手段7：工件的全生命周期的管理、追踪性。

8.1 项目监控全景

SmartProject 项目已经到了关键的阶段，团队成员按照既定计划纷纷展开工作。产品负责人、Scrum 主管以及团队成员需要通过多种手段监控整个项目和团队，保障项目在正确的轨道上前进。每种监控手段都像一门武器一样，让管理者拥有了一种能力。而拥有上述 7 种武器的管理者则拥有了前所未有的监控力，拥有了更完整的视角，一切尽在掌握！

在整个项目运行中，每次冲刺，迭代团队成员都在做大量的任务（变更），进而产生大量的结果（工件）。随着时间的推移，软件逐步被构建出来。如图 8.2 所示，7 大监控手段涵盖了项目的各个范畴。个人和团队健康状况的监控确保了管理者以人为核心的监察；工作项和变更的监控确保了以变更为核心的控制；而工件的监控则确保将所有过程结果纳入管理的范畴；通过迭代监控也可以将整个项目的进度纳入眼底；最终所有信息都可以汇总成为报告展现给团队成员使用。每种监控手段都将在下面进行详尽的阐述。

图 8.2　监控全景

8.2　监控手段 1：监控变更情况

软件生产如同一个事务的成长，在不断变化中逐步成熟起来。对于一个项目管理者而言，管理好变更是管理好软件交付项目的核心基础。那么首先我们需要的一个核心能力是：监控变更的情况。这样才根据任何异常情况做出准确的决策。有过多年项目管理经验的读者往往能体会到，监控说起来容易，实现起来却异常困难。原因很简单：信息不畅通。面对传统的管理手段，项目经理几乎 80％的时间都在收集信息，20％的时间是根据信息做出决策和计划。

Web 2.0 时代给管理者带来了巨大的变革。不同于先前的管理信息系统，Web 2.0 倡导的是更先进的信息交互模式。基于 Web 2.0 技术的开放协作开发平台，RTC 倡导了一种革命性的全新开发模式。它让实时的信息发布、信息反馈成为了可能，为团队协作开发搭建了卓越的平台。RTC 拥有很多手段帮助项目管理者监控软件交付过程中的各种变更。这些手段中最为有代表性的是事件（Events）、订阅（RSS Feeds）。

下面我们看看 SmartProject 项目组的管理者和团队成员如何借助这些新的技术监控项目的变更状况。

8.2.1　事件（Events）

1．介绍

所谓事件即软件交付项目过程中产生的事件。包括每个人加入项目的通知、修改代码的通知、创建任务的通知等。事件通知功能是一个完整的信息实时通知手段，在开发过程中的任何变更都会及地通知到整个团队。

2．使用场景

在整个项目过程中，任何一个阶段、任何的团队成员都会使用到 Events，即事件功能，实时地查看项目发生的事件。

3．操作介绍

通过"团队中心"视图中的"事件日志"页面，SmartProject 的 Scrum 主管、团队成员、产品负责人随时监控发生的任何事件，如图 8.3 所示。所有软件交付项目中产生的事件都会被实时的公布出来。

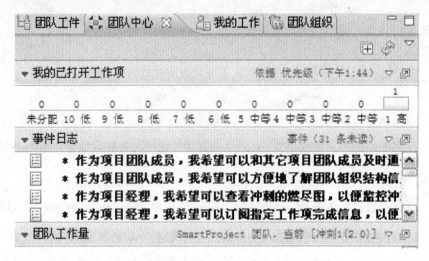

图 8.3　事件日志

　　用户可以详细查看每个事件。当鼠标聚焦在具体事件上，RTC 会详细说明该事件。

8.2.2　RSS Feeds

1. RSS Feeds 介绍

　　RSS Feeds 即订阅功能。生活中大家都有订阅杂志报纸书刊的经历，当我们需要特定的一些信息时，通过订阅来获取信息，这样可以根据自己的需求直接得到信息。在 Web 2.0 时代，面对扑面而来的新闻，用户不用再花费大量的时间冲浪和从新闻网站下载。只要通过下载或购买一种小程序，就可以直接聚焦自己关注的内容，这种技术被称为简易信息聚合（Really Simple Syndication，RSS）。RSS 会收集和组织定制的新闻，按照用户希望的格式、地点、时间和方式，直接传送到用户的计算机上。这种全新的资讯传播方式使得用户更能主

197

动地享用信息，而不是被动的接受信息。

2. RTC 中 RSS 技术的介绍

前面我们介绍了事件（Events）。然而事件带来的信息实在过于繁多，用户往往需要的是更具体的信息。在众多事件中，管理者可能只需要特定的一些，此时 RSS 技术的优势就展现出来。

Jazz 平台提供了 Feeds 服务支持（Atom 1.0 和 RSS 2.0-compliant），以提高团队协作沟通和响应的速度。当 Jazz 库中任何对象数据发生变化后（如源代码发生变更、工作项状态发生变化等），Jazz 都会通过 Feeds 服务主动在团队范围内或根据订阅记录进行广播，让所有相关开发人员能够在最短的时间内掌握最新动态。开发人员也可以主动查阅每天团队、Jazz 对象具体发生了什么事情。

如同我们先前探讨的一样，对于 SmartProject 项目中的变更监控，RSS 订阅服务可以如虎添翼，帮助管理者和团队成员迅捷地监控他们所关心的变化——瞬息万变尽在掌握。

3. 使用场景

在项目中的任何一个迭代冲刺，SmartProject 项目的团队成员都会使用到 RSS 订阅功能，实时地查看项目发生的事件。

4. 操作介绍

（1）针对团队成员所引发的变更监控

SmartProject 项目的 Scrum 主管非常关心团队成员李傲雷正在做的工作，

希望能够及时收到李傲雷相关的信息，从而迅速提供帮助和指导。所以，主管孙昕通过 RTC 的"团队中心"视图，右击"李傲雷"，在弹出的菜单中选择"预订用户生成的事件"命令，如图 8.4 所示。

图 8.4　订阅操作

此时孙昕就订阅了团队成员李傲雷所做的事情，以随时监控李傲雷的任何相关新闻。在"团队工作"视图中可以及时收看订阅好的内容，如图 8.5 所示。

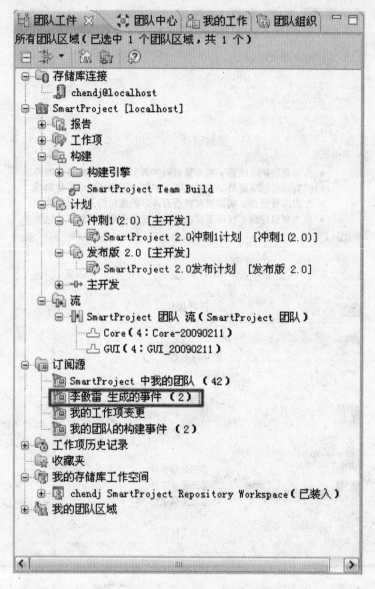

图 8.5　查看订阅事件

在"团队工件"视图中可以查看所有的订阅源。选择"李傲雷生成的事件"选项，可以看到李傲雷的相关新闻。例如，4 小时之前李傲雷完成了任务"实现进度的甘特图显示算法"，5 小时之前李傲雷向服务器交付了代码。系统会将李傲雷做的任何事件都会主动发布给相关人，同时阅读者也可以设置李傲雷哪些操作将通知团队，如图 8.6 所示。

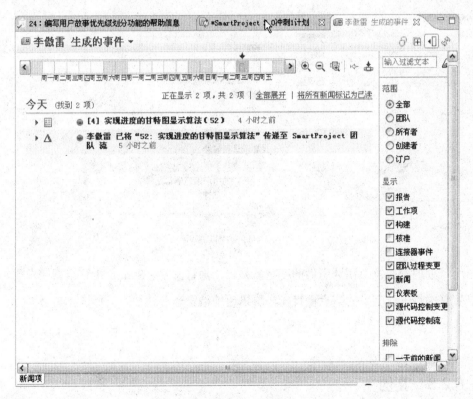

图 8.6　配置订阅

（2）针对整个团队所引发的变更监控

同理，在"团队组织"视图中选择相应的团队，单击右键，在弹出的菜单中选择"预定团队事件"命令，如图 8.7 所示。

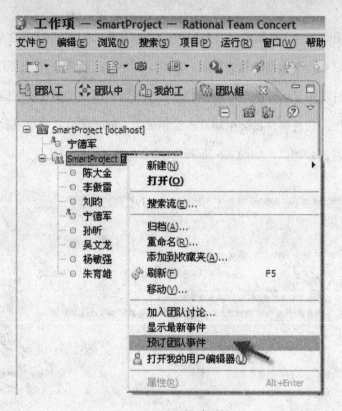

图 8.7 订阅团队事件

此时整个项目团队所做的变更就被自动地订阅了。Scrum 主管根据需求配置订阅项，让有效的信息更直接、更迅速地被管理者获知。具体操作与上面操作相似。

8.2.3 其他

Jazz 平台还支持邮件通知功能（Email Notification）。例如，当你关注某项工作的任何进展和变更时，可以订阅（subscribe）该项工作，Jazz 平台就会自动地给你发送相关提醒邮件，让你及时掌握工作最新状态。

8.3　监控手段 2：监控工作项

1. 介绍

开发过程中会产生各种类型的工作，例如任务、缺陷、需求、变更等。各种各样类型的工作组成了整个项目的工作。随着工作的进展，软件逐步被开发修改完善。作为管理和参与者，需要有能力监控一项工作。例如，一个任务的推迟可能导致整个工作计划的延迟，项目经理和任务相关者都需要及时了解该任务的进度情况。而对于一个缺陷，开发者和测试者都需要参与进来，追踪缺陷的整个过程。这些在 RTC 中被称为工作项管理。RTC 正是通过工作项管理（Work Items Management）功能对软件交付过程中的各种工作进行统一的跟踪和管理。

2. 使用场景

在每次冲刺迭代的过程中，产品负责人和 Scrum 主管根据需求监控工作项。经常需要监控的工作项如下：

- ❏ 在 SmartProject 项目中，冲刺规划会议时，产品负责人和 Scrum 主管需要查看需求类型的工作项，从而确定此次冲刺迭代的开发计划。
- ❏ 在 SmartProject 项目中，在每日站立会议和每日冲刺中，Scrum 主管需要查看每个人的工作任务。
- ❏ SmartProject 项目中，在冲刺回顾会议时，团队成员、产品负责人和 Scrum 主管需要回顾总结整个冲刺迭代的经验教训，需要查看各种类型的工作项。

3. 操作介绍

查询需要监控的工作项：

在 SmartProject 项目中，使用者在"团队工作"视图中选择"工作项"|"共享的查询"选项，选择需要的查询（query），查出目前需要的所有符合条件的工作项，如图 8.8 所示。例如，产品负责人宁德军或者 Scrum 主管孙昕希望了解当前所有被他创建，同时状态为打开的工作项。通过这样的查询，产品负责人或者 Scrum 主管可以迅速地了解哪些工作正在展开。选择名称为"由我创建并打开"的查询并运行它，所有符合要求的结果将会自动展现出来，如图 8.9 所示。

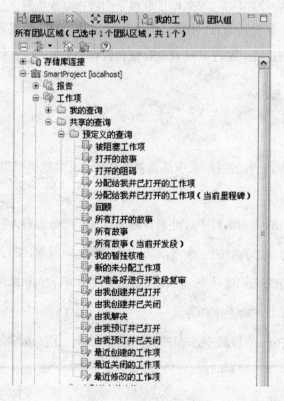

图 8.8 查询界面

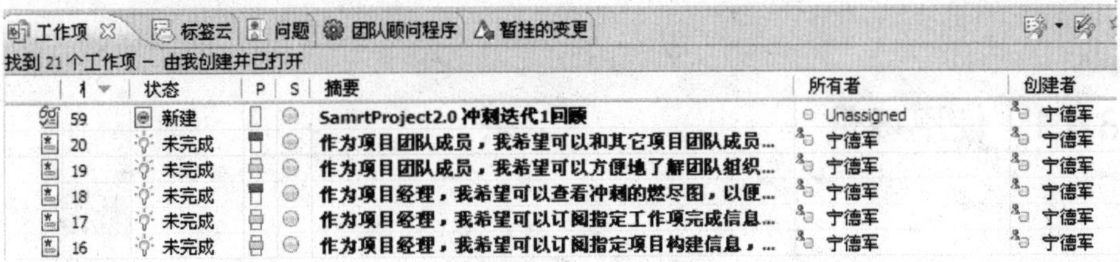

图 8.9 查询结果

在"工作项"视图的查询结果中，双击需要监控的工作项，系统会自动将此工作项的详细信息展现出来。

8.4 监控手段 3：监控项目和团队健康状况

RTC 除了 Eclipse 客户端外，还提供了 Web 客户端。用户可以通过浏览器方便地监控项目和团队状况。在 Web 客户端，RTC 提供了强大的仪表板功能，让项目所有干系人都能够实时地通过 Web 界面了解整个项目健康状况及某个团队或成员的工作进展情况，增加了项目各方面信息的透明度。这样，项目干系人就可以及时地监控项目的进度，分析项目出现的各种问题，并能够在问题出现的更早阶段采取纠正行为。

RTC 的仪表盘提供了大量可以直接使用的，具有不同类型数据统计的小视图（Viewlet），我们可以选择隐藏或显示在某个仪表盘中。仪表盘中还可以显示已经定制好的查询、报表甚至是订阅的 Feeds 等。

另外，RTC 客户端也提供了团队中心视图，可以让每个成员都清楚地了解整个项目和团队的健康状况。

205

8.4.1　使用场景

在 SmartProject 项目中，在每次冲刺迭代过程中团队的所有成员都可能使用 Web 和客户端进行查询监控。经常需要的使用场景有：

❑ 冲刺规划会议中产品负责人和Scrum主管需要当前项目以及最近几个冲刺的健康状况、整个团队的健康状况。

❑ 在每日站立会议或每日冲刺中，Scrum 主管需要了解本次冲刺的健康状况以及整个团队的健康状况。

❑ 在冲刺回顾会议时，团队成员、产品负责人和 Scrum 主管需要回顾总结整个冲刺迭代的经验教训，需要查看团队和过去这个迭代的健康状况。

8.4.2　操作介绍

1. 在 RTC 中通过"团队中心"视图实现对整个团队的监控

Scrum 主管孙昕打开"团队中心"视图，可以清楚地查看团队所有人的工作量。将鼠标放置在关心的团队成员李傲雷上时，系统会详细展示李傲雷的工作量状况，如图 8.10 所示。

在"团队中心"视图中还可以展示更多的团队信息，例如该团队的构建、事件日志等。同时 Scrum 主管孙昕还可以将已有的订阅加入到该视图，如

图 8.11 所示。

图 8.10　"团队中心"视图

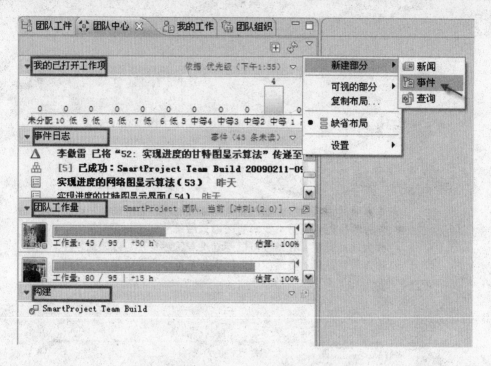

图 8.11 "团队中心"视图配置

右击选择"新建部分"|"事件"命令（如图 8.11 所示），并选择"李傲雷生成的事件"作为订阅源放置在"团队中心"视图中，此时在"团队中心"视图中就可以看到所有相关李傲雷的新闻，如图 8.12 所示。

2. 使用 Web 界面进行监控

产品负责人宁德军通过 Web 界面登录，选择所需要监控的项目，展开仪表板进行查看，如图 8.13 所示。

产品负责人和 Scrum 主管通过项目仪表板可以查看项目的健康状况，也可以通过定制客户化自己所需要的仪表板。常见的健康信息包括：

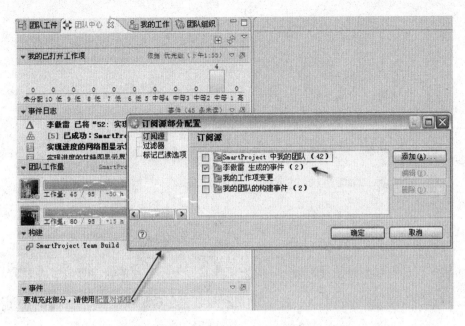

图 8.12 "团队中心"视图配置

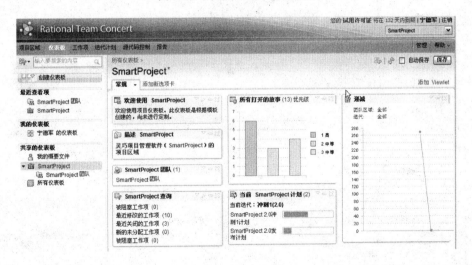

图 8.13　Web 监控

❑　项目订阅的事件：关注一些关键事件，从而评估项目运转是否正常。

❑　项目进展报告：说明项目的进展是否符合计划。

- 当前迭代需求情况：确认目前项目进展。

- 完整需求的比例：确认项目总进展。

- 当前项目的构建情况：通过构建成功或失败的比例确认项目交付物的状况。

- 缺陷趋势：分析当前项目的交付物的质量状况。

- 推迟的工作项统计：分析项目的进度状况。

- ……

需要指出的是，仪表板是客户完全根据自己的管理需求进行定制的。Scrum 主管和产品经理根据项目的规模、开发工作量、开发应用的特点等诸多因素确定自己所需要监控的度量元，RTC 的定制能力完全满足各种管理监控需求。

在 Web 中也可以通过报告获取监控整个团队的状况，例如 Scrum 主管孙昕查看整个团队的工作分布，查看哪些人员工作量多，如图 8.14 所示。

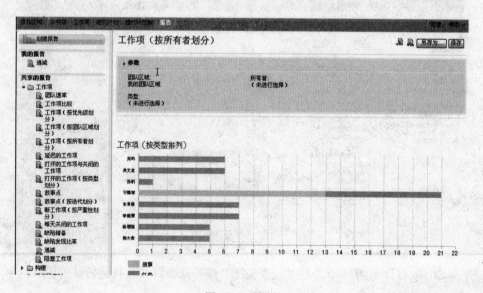

图 8.14　报告

8.5　监控手段 4：监控个人工作健康状况

1. 介绍

在 SmartProject 项目中团队需要紧密的合作，任何人员的工作健康状况都应该被项目经理及时获知；同时作为团队成员，不仅仅需要了解自己的状况，也需要及时的了解团队中其他成员的工作情况，形成良好的互帮互助氛围。

RTC 提供了"我的工作"视图。顾名思义，此视图是用来组织个人工作的，让每个人的工作都能被安排得井井有条。和"团队中心"视图相同，"我的工作"视图也可以进行自我定制，其中包括"我的已打开工作项"、"团队负载量"等页面，所有成员的状态一目了然，沟通无阻碍。根据每个人的不同监控需求，团队成员可以查看自己的收件箱、当天任务单情况、个人关心的事件等。

2. 使用场景

在 SmartProject 项目中，在每次冲刺迭代过程中团队的所有成员都可能通过"我的工作"视图监控个人的健康状况。经常使用的场景有：

- ❏ 在每日站立会议和每日冲刺过程中，Scrum 主管需要了解本次迭代中每个工作人员的健康状况，每个工作人员也需要了解自己的工作情况。
- ❏ 每天冲刺过程中，团队成员都会通过"我的工作"视图组织自己的工作。
- ❏ 在冲刺回顾会议时，每个团队成员回顾总结整个冲刺迭代的经验教训，查看个人健康状况。

3．操作介绍

每个人都可以查看自己的健康状况。操作步骤如下：

（1）团队成员陈大金打开"我的工作"视图，在"收件箱"页面中显示的是分配给自己的任务。在"当前工作"页面中展现的是本次迭代分配给自己并被接受的任务，同时也可以看到哪些是今天准备做的任务。如图 8.15 所示，陈大金在"我的工作"视图中看到了目前分配给他的四个任务，也看到了昨天他已经完成的任务"编写用户故事优先级划分功能的帮助信息"。同时，陈大金还可以增加其他的监控部分，例如"最新工作"、"预览"等。

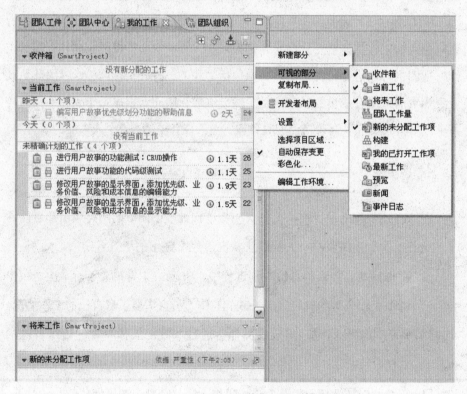

图 8.15 "我的工作"视图配置

（2）在"我的工作"视图中陈大金还可以增加事件订阅，正如我们前面介绍 RSS 一样，通过"我的工作"视图中的各个页面，每个成员可以及时的得到订阅的通知，了解团队中正在发生的事情，如图 8.16、图 8.17、图 8.18 所示。

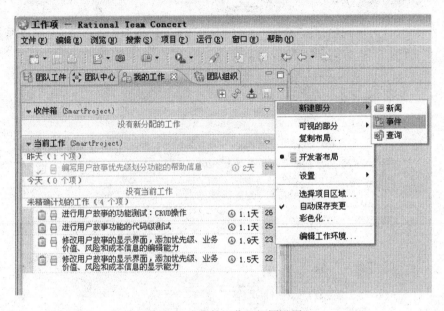

图 8.16　"我的工作"视图配置

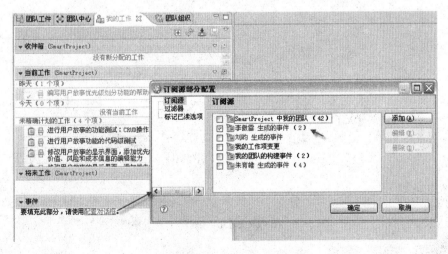

图 8.17　"我的工作"视图配置

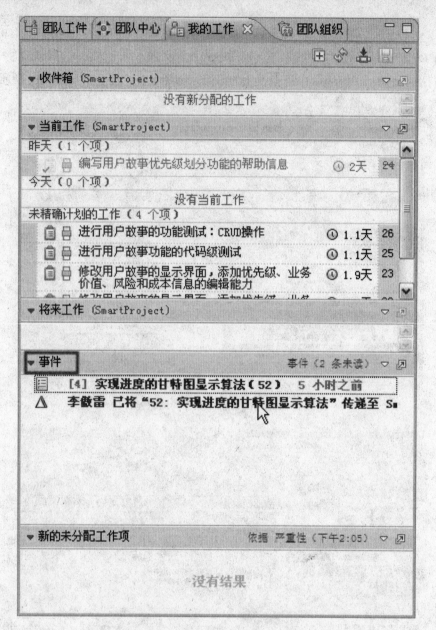

图 8.18　在"我的工作"视图中查看事件

综上所述，通过 RTC 的"我的工作"视图，SmartProject 项目团队的 Scrum

主管和成员可以监控在项目运转过程中每个人的工作负载量、进度、加班状况、每个人自己的当前工作、未来工作等信息。任何影响团队与成员的健康事件都可以及时被发现，从而帮助整个团队在透明、协作的平台上高效率的实施项目。

8.6　监控手段 5：监控迭代健康状况

1．概述

本节将是 SmartProject 项目经理最为关注的热点之一。对于敏捷开发而言，其实质是迭代化的思想，通过迭代将项目的风险降到最低。在传统的瀑布开发时代，监控的重点是对整个项目计划执行结果的监控。随着迭代思想的到来，监控的重点逐步转化到每次迭代上来。如果迭代计划的执行状况都无法监控，项目管理则无从谈起。

在 Scrum 的开发方法下，RTC 提供了非常便捷的监控工具——迭代计划。即通过迭代计划，管理者可以详细地监查此次迭代中每项任务的完成情况、整个计划的完整情况等信息。管理者可以定义不同的迭代计划，实现多层次、多角度的监控。

2．使用场景

在每次迭代中，Scrum 主管都要随时监控整个迭代的执行情况。即便迭代完成以后，在冲刺回顾会议中，Scrum 主管也需要针对这次迭代的执行情况做总结和回顾。

3. 操作介绍

(1) 创建迭代计划

首先 Scrum 主管需要为指定的迭代创建迭代计划。前面章节已经介绍过，Scrum 主管孙昕创建了"SmartProject 2.0 发布计划"用于管理和监控整个 2.0 发布线，同时也创建了"SmartProject 2.0 冲刺 1 计划"用于管理和监控冲刺 1 的整体情况。

(2) 执行迭代计划

Scrum 主管孙昕打开"SmartProject 2.0 冲刺 1 计划"，如图 8.19 所示。

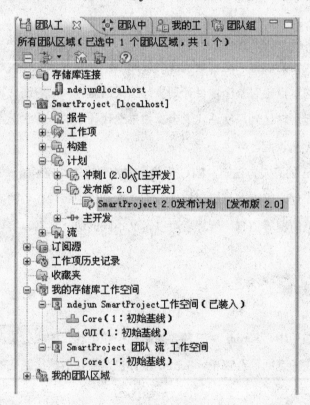

图 8.19　迭代计划

在冲刺 1 中我们可以看到团队每个成员已经分配的任务和进度。将鼠标放置在右上角的绿色条目，看到整个进度的完成百分比，浅绿色表明是提前，红色表明是滞后。针对每个人，也可以看到进度的完成百分比，浅绿色的表明进度提前，红色的表明进度滞后，如图 8.20 所示。

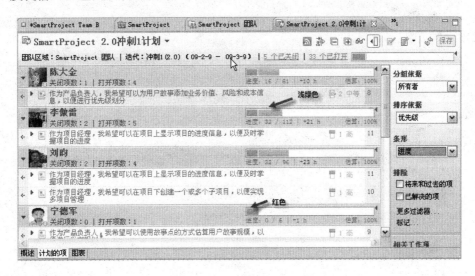

图 8.20　查看迭代计划 1

除此之外，管理者还可以看到：

❑　每个任务的完成情况，灰色的是已经完成的，黑色是正在进行的；

❑　每个任务的持续时间；

❑　每个任务的等级及执行者；

❑　所有任务的预计持续时间、消耗时间和剩余时间。

通过分组依据（选择所有者）、条形（选择工作量），Scrum 主管可以查看到本次冲刺中团队成员的工作量情况，如图 8.21 所示。

❑　绿色的表明其被分配的时间；

❑　白色表明剩余的可用时间；

❑ 如果出现红色，则表明安排的工作时间超过其可用的工作时间，应当
适度地减轻此团队成员的工作量。

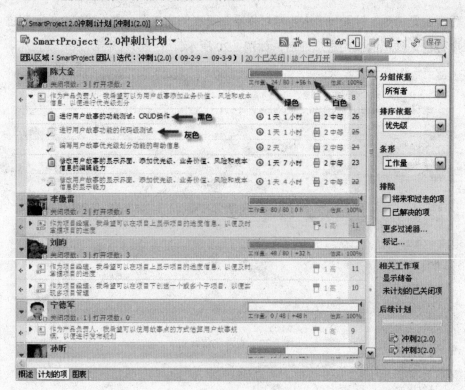

图 8.21　查看迭代计划 2

8.7　监控手段 6：统计报表

1．概述

Jazz/RTC 采用开源的 BIRT（Eclipse Business Intelligence and Reporting

Tools）技术来制作报表模板（Report Templates）和获得报表结果。报表数据来自于由 Jazz 管理的独立数据仓库（Data Warehouse）。这是不同于 Jazz 存储库（Jazz repository）的一个专门用于数据统计分析决策支持的数据库。用户和第三方都可以很容易地使用 BIRT 设计工具，创建新的报表模板，并加入到 RTC 环境中。

RTC 提供了大量"开箱即用（Out of Box）"的常见报表，如构建健康报表（Build Health）、 打开与关闭的工作项统计报表（Open vs. Closed 工作项 s）、 延期的工作项报表（Deferred 工作项 s）等。RTC 中的所有报表都可以导出，存成.pdf、 .xls、 .doc、 .ppt 等格式文件。

2．使用场景

报表是最常见的管理工具，在 SmartProject 项目中任何一个时间点，项目经理、团队成员都可能使用到报表对项目状态进行汇总、整理、监控、报告。

3．操作介绍

（1）生成报告

选择"团队工件"视图，选择"SmartProject"|"报告"选项，如图 8.22 所示。

打开"报告"|"报告模板"，选择所需要的报告模板，并右击，在弹出的菜单中选择"创建报告"命令，根据系统提示将报告保存到制定位置，如图 8.23 所示。需要注意的是，文件夹是有权限控制的，不同的文件夹从属于不同的团队，不同的角色拥有不同的权限。每个用户可以存放到我的报告文件夹中，也可以存放到有读写权限的文件夹中。

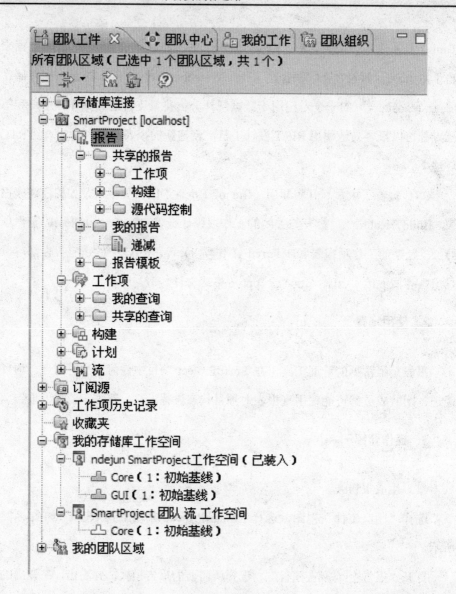

图 8.22　查看报告 1

在"我的报告"中单击运行新产生的报告，根据报告中的要求填写各种条件，最终运行报告，也可以导出成不同格式的文件，如图 8.24 所示。

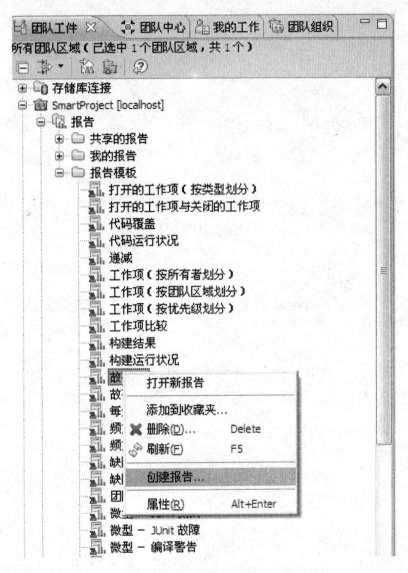

图 8.23　报告 2

例如，SmartProject Scrum 主管通过"打开工作项（按类别划分）"报告，查看工作任务的趋势和类别分布，从而判断这段时间项目和团队的健康状况，如图 8.25 所示。

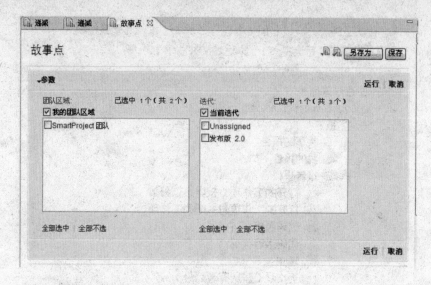

图 8.24　配置报告

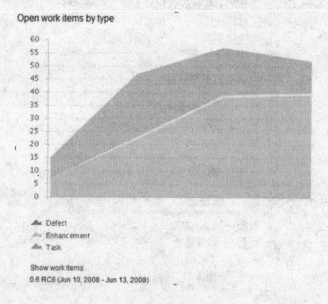

图 8.25　报告示意

（2）定制报告

每个报告的样式、数据和统计都是通过定制完成的。产生报告的前提是有报告模板。报告模板定义了数据格式和数据源，执行时到 Jazz 数据仓库中抓取数据，最终通过报告呈现出来。在 RTC 中定义报告模板很简单：在报告模板文件夹下，选择创建报告模板，会出现如图 8.26 所示的创建窗口。下面的信息是必须填写的。

- ❑ 该模板的名称；
- ❑ 该模板是否共享给所有成员，还是只在团队内部；
- ❑ 报表模板文件，这是最为重要的，如图8.26所示，需要选择Birt定义的模板文件。

注意：在 RTC 中创建报告模板之前，应该使用 Birt 工具定义模板，然后将该文件导入。Birt 的定义过程和传统的报表开发类似。

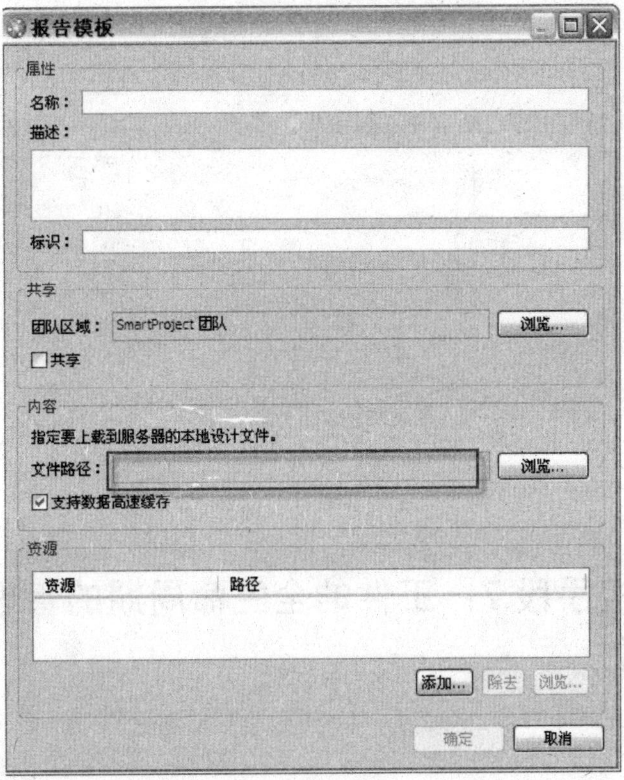

图 8.26　定义报告 1

（3）在 Web 页面中展现报告

定义好的报告同样可以展现在 Web 页面中，极大地方便了项目组和最终客户。通过仪表板可以将定义好的报告展现在 Web 页面中，如图 8.27 所示。

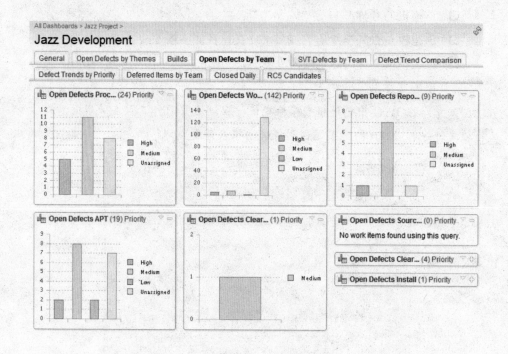

图 8.27　Web 中的报告

8.8　监控手段 7：工件的全生命周期的管理和追踪性

我们其实可以将 SmartProject 项目生产的软件 SmartProject 看成一个生命

体。而这个生命体是由诸多变更组成的。随着第一个需求的产生、第一行代码的编写、第一个测试用例的设计、第一个任务的分派，SmartProject 逐步成熟起来。就好像人一样，SmartProject 是有生命的，那么我们熟悉它的整个生命周期吗？了解每个阶段它是如何成长起来的吗？知道每次成长（新版本发布）是因为什么原因吗？

我们甚至可以再深入这个生命体的细节。SmartProject 中包含了更多的工件，就好像一个个细胞体，例如任务、缺陷、需求、变更、代码修改等。这些细胞的变化导致了 SmartProject 的变化。那么我们能够了解这些工件（细胞）的生命过程吗？

软件交付项目之所以特殊就是因为这些工件的管理并不简单。不同于楼房的建设，我们可以天天看到物理实体的变化。软件中这些工件对于大多数管理者而言过于微观，过于虚幻。前面章节我们更多地从项目和团队等维度阐述对 SmartProject 项目的管理。本节我们着重强调软件交付项目的一大难点——工件的全生命周期管理。没有对工件的管理，即便管理好了进度，这个项目也是注定要失败的。

8.8.1　RTC 对工件管理介绍

RTC 是如何管理这些工件的全生命周期的呢？它是通过构建管理和工作项管理两个模块来实现的。

我们常常把构建称之为软件交付的脉搏，每一次跳动都会产生出结果——即软件的一个版本。随着脉搏的跳动，软件不断地发展成熟，一步步地交付给客户。那么问题随之而来：作为项目管理者、产品经理等管理角色，不仅需要结果，还需要过程。管理者需要了解：

❑ 什么时间谁构建了这个版本？

❑ 哪些原因产生了这些版本？此版本实现了哪些用户故事？

❑ 每个原因的完整前因后果，负责人是谁？

❑ ……

这些问题的本质就是工件在整个生命周期中的变化。抓住变化就抓住管理的核心。

RTC 提供了集成构建管理（Integrated Build Management）环境。通过它管理者可以监控构建请求的完成状态和结果（Build Results），并可以查看基于构建定义的所有构建结果，比较不同构建结果的差异等。同样，在这一用户操作界面里，还可以追踪构建的相关信息，例如构建包含的变更集、有哪些新的源代码参与了构建、关联在哪一次项目发布（Releases）中等。RTC 还提供构建的详细材料清单 BOM（bill of materials）信息。一句话，RTC 可以从产品追踪到源代码，哪些源代码和任务组成了这次产品的发布等信息，这些都一目了然。

8.8.2　使用场景

项目经理在 SmartProject 项目的迭代中需要不断地监控工件的变化。团队成员（例如构建工程师、测试工程师）也需要每个版本产生的原因，由哪些任务导致了此次版本的变化；开发人员更需要知道这个版本对应的是哪些源码的变化。在整个冲刺迭过程中，所有参与 SmartProject 项目的成员都需要监控和追踪工件的整个生命周期。

在冲刺迭代结束后的冲刺回顾会议中，同样是这些追踪能力帮助团队进行回顾，总结问题和发现问题。

8.8.3　操作说明

（1）在"团队工件"视图中，SmartProject 项目的成员、Scrum 主管右击 SmartProject Team Build 选项，在弹出的菜单中选择"查询查看构建结果"命令。在"构建"视图中会将近期所有的构建列举出来，如图 8.28 所示。

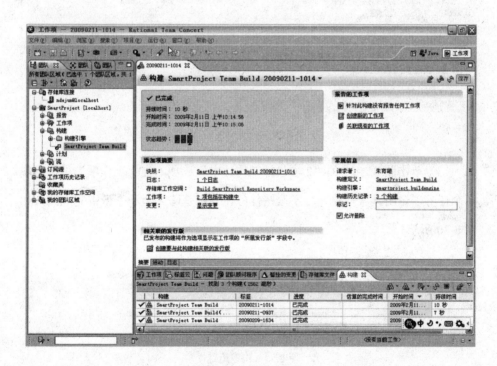

图 8.28　构建查询

（2）在"构建"视图中选择最新的一次构建，系统将构建详细信息展开，即 Scrum 主管要求构建工程师做的集成构建，如图 8.29 所示。

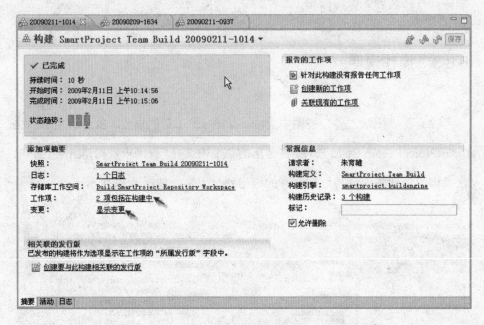

图 8.29　构建详细信息

（3）单击图 8.29 中的"2 项包括在构建中"选项，在"工作项"视图出现两个任务，说明本次构建包含了这些任务，分别是陈大金和李傲雷完成的，如图 8.30 所示。

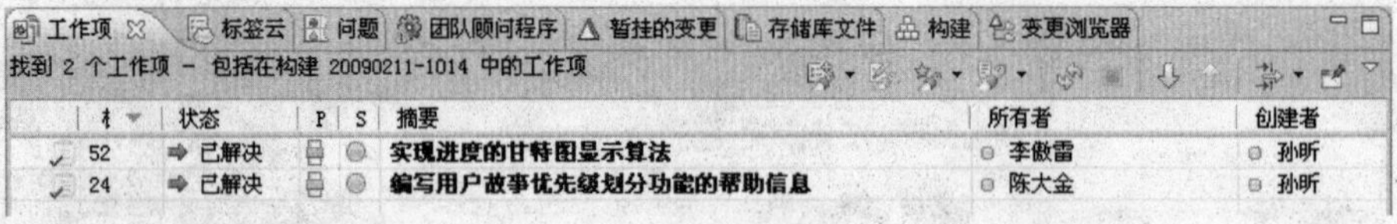

图 8.30　构建追踪 1

（4）双击任务 52，Scrum 主管孙昕可以查询到李傲雷所执行任务的详细情况，如图 8.31 所示。

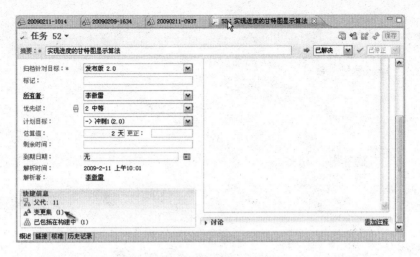

图 8.31　构建追踪 2

（5）在快捷信息中可以看到"变更集"，即和本任务关联的变更集合，也就是代码变化集合。单击"变更集"，可以看到为了完成这个任务单，开发人员分别修改了哪些源程序，生成了哪些版本，如图 8.32 所示。这里，Scrum 主管看到此次任务李傲雷修改了 Project.java 文件，如图 8.33 所示。

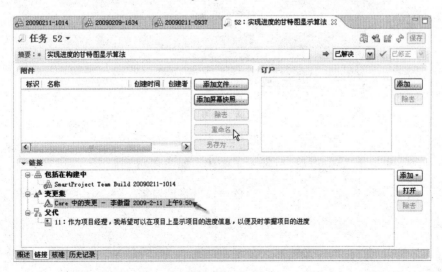

图 8.32　构建追踪 3

图 8.33　构建追踪 4

（6）右键单击 Project.java，在弹出的菜单中选择"在比较编辑器中打开"命令，如图 8.34 所示。

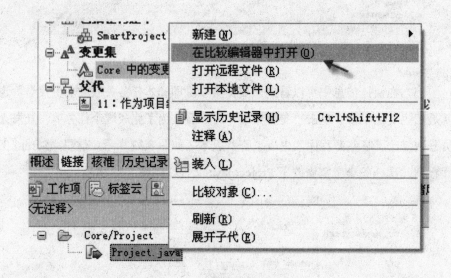

图 8.34　构建追踪 5

（7）可以查看哪些代码行发生了变化，如图 8.35 所示。

综述，我们可以看到：通过 RTC 可以严格地监控工件变化的生命周期；可以追踪到每个软件的发布到底是为了什么，是由哪些任务组成；每个任务到底修改了哪些文件；每个文件到底修改了哪些行，而所有这些变化都是谁、什么时间做的。这些完整的追踪信息在 RTC 上可以轻松获得。

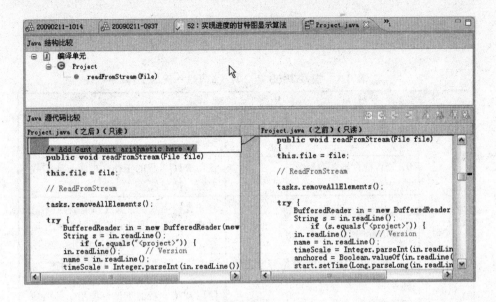

图 8.35　构建追踪 6

8.9　使用场景

前面详尽地介绍了各种各样的监控手段，那这些手段如何组合在一起去帮助团队成员有效开展日常工作的呢？为了使读者对这些监控手段有个更感性认识，我们简单模拟了团队成员陈大金、Scrum 主管孙昕、产品负责人宁德军在 2009 年 2 月 11 号这一天的工作，见表 8.1。看看他们是通过哪些常用的监控手段帮助自己提高工作效率，管理好个人和项目的工作。一斑可知全豹，一叶可知全秋，通过这个场景说明，读者可以明白在冲刺的每一天、冲刺迭代的开始和收尾每个阶段，团队成员可以灵活组合使用各种监控手段，主动积极地了解掌握身边发生的事情，实现一个真正畅通无阻的协作平台，确保项目顺畅执行下去。

表 8.1　模拟 2009 年 2 月 11 号这一天的工作

每日冲刺（2 月 11 号）			
	每日工作内容	监控手段	工具功能
陈大金（团队成员）	9：00～9：15：每日站立会议		
	9：15：检查是否有新分派的任务	手段 4	使用 RTC "我的工作" 视图，查看收件箱，接受任务
	9：30：收到团队成员李傲雷的新闻	手段 1	陈大金和李傲雷需要互相审核代码，通过定制新闻发现李傲雷提交了新的问题。同时通过邮件通知了解到一些信息
	9：30～15：00：开始开发工作，完成了开发任务 1，并进行了构建		
	15：00：查看自己整个的工作情况，哪些工作滞后	手段 4	使用 RTC "我的工作" 视图中各项功能
	15：00～17：00 开始了新的开发任务		
	17：00：查阅开发任务 1 构建情况，查询哪些代码导致变化	手段 7	通过对构建的追踪可以追查到代码行的变化
孙昕（Scrum 主管）	9：00～9：15：每日站立会议		
	全天：随时监控整个迭代的进展，查看哪些工作出现问题	手段 5	创建使用迭代计划，监控冲刺迭代，查看进度
		手段 1	订阅了陈大金和李傲雷的新闻，随时监控
	10：00：查询自己关心的一些特别的工作任务，例如优先级别最高的任务情况	手段 2	通过定义好的查询监控工作项
	全天：监控 SmartProject 项目和团队健康状况	手段 3	使用 Web 查看项目迭代的 Burndown 图；使用 "团队中心" 视图查看团队复合、谁工作量多大，谁完成情况差。也通过 RTC 团队视图的各项功能查看

续表

每日冲刺（2 月 11 号）			
	每日工作内容	监控手段	工具功能
孙昕（Scrum 主管）	13：00～14：00 参加会议		
	14：00～15：30：展开本人的工作任务	手段 4	使用 RTC "我的工作"视图，接受、安排、管理分配的任务
	15：30～17：00：参加产品负责人宁德军主持的会议	手段 6	使用各种报表功能，进行汇报
	17：00：查询当日集成构建信息	手段 7	查询构生成建信息，追踪到源码变化。例如查询 2 月 11 号构建版本是陈大金和李傲雷提交的哪些代码和任务组成的
宁德军（产品负责人）	与 Scrum 主管孙昕的日常工作内容类似		

8.10　小结

正如本章开始所述，对于一个软件交付项目，如何能够做到知彰知微，了若指掌呢？我们可以从项目团队和工件两个维度来监控整个软件项目的运行，及时发现和解决问题，让项目始终在预定的轨道上稳定运行。拥有了监控变更、监控工作项、监控团队健康、监控个人健康、监控迭代、报表、工件生命周期管理能力这 7 大武器，就意味着拥有了前所未有的监控力，详尽地掌握所有的历史和变化，让一切尽在我们手中掌控。

本章知识要点：

❑ Event；

❑ Feeds；

❑ 工作项；

❑ 仪表盘。

第 9 章 团队音乐会的谢幕

"源清流洁，循序渐进"

——比喻因果相连，事物的本原好，其发展和结局也就好。以此为基础，循序渐近，持续改进

面对着一个成功的项目，我们亦应戒骄戒躁，看到不足，不断改进。同时这些宝贵的资产也是以后可以借鉴的。如何通过RTC把知识沉淀升华呢？

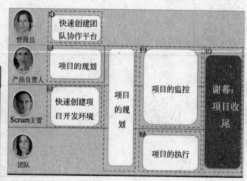

第8章通过7个监控手段，使得SmartProject项目经理对项目进展了若指掌，整个项目按部就班地顺利执行下来。本章将向读者详细介绍SmartProject项目组在项目收尾阶段如何总结经验教训，改进过程，并提炼成企业可以复用的项目模板，将知识传承下去。

9.1　冲刺回顾会议

失败乃成功之母。这是任何人都知道的哲理，也是开发团队应该遵循的哲理。对于敏捷开发团队而言，冲刺回顾会议就是一个最好的机会去总结教训，沉淀知识，提炼精华。冲刺回顾会议不仅仅发生在项目收尾阶段，也会发生在每次冲刺迭代结束之时。很多人认为冲刺回顾会议并不重要，只是走走形式，这是一个非常错误的观点。很多时候它可以被视作为第二重要的事件（第一重要的是冲刺规划会议）。没有冲刺回顾会议的敏捷团队总是会存在一个致命问题——他们一直犯着相同的错误，永远得不到改进和提高。

现在SmartProject项目组开始了冲刺回顾会议，RTC提供了冲刺回顾会议类型的工作项。在冲刺回顾会议中的内容、反馈、评论都会被记录在案。这些也是团队的宝贵资产。每次迭代的冲刺回顾会议都可以被查询、归档起来。

❑　具体操作过程如下：

（1）团队成员打开"团队工件"视图。

（2）右键"工作项"选择，在弹出的菜单中选择"创建新的工作项"命令，类型为冲刺回顾会议。冲刺回顾会议工作单包括了详尽的信息，有描述、会议发生那个迭代、参加会议的团队、讨论内容等，如图9.1所示。

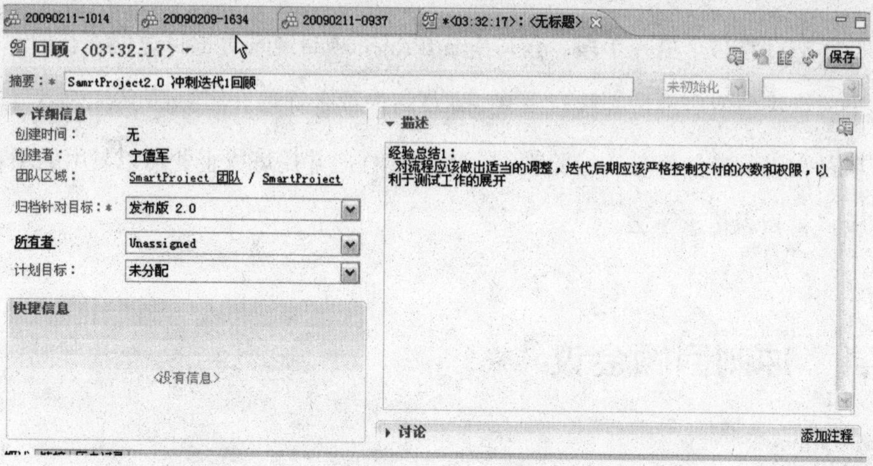

图 9.1　回顾

在本此迭代中，团队发现开发过程中有很多不尽如人意的地方。例如，在本次迭代的后期发现随意提交代码的行为造成很大危害，导致软件版本产生混乱，测试工作无法正常展开。会议中我们不仅使用RTC把这些问题记录总结下来，还应该有的放矢地去修正。那么面对这些不尽如人意的流程我们该如何去改进呢？下一节我们将详细指导团队将冲刺回顾会议上总结的经验教训提炼出来，并以此为基础改进团队的开发过程，从而让开发过程更好地适应下一次冲刺迭代，更好地服务于项目团队。

9.2　软件开发过程的改进

过程是指用于对工作进行组织的实践、规则、指导原则和约定的集合，是团队已决定（或养成）的行事方式的总和。过程的梳理和提炼将极大地提高团队的工作效率，也是对过程使用者本身工作方式的总结和提高。了解CMMI的读者都知道过程改进，其精髓就是没有一成不变、永远适用的过程，过程应该及时地被改善以适应未来。同时，不断被精化的开发过程在执行被实践所检验，看看是否具备合理性；而新过程运行中所发现的问题又会不断地被总结从而驱动新的一轮改进。周而复始，让企业、团队更能适应业务的发展和变化。

那么回过头来看SmartProject项目组在每次冲刺迭代或者项目收尾阶段，总结了大量的经验教训。为了防止错误再度发生，项目组需要及时改进自身的管理方法、管理制度、管理过程，并将之落地执行。

9.2.1　RTC 如何表示过程

正如本书开始所述，软件开发过程如同菜系，不同的团队、不同的文化、不同的规模、不同的软件类型、不同的质量要求，都会影响开发团队对软件开发方法和过程的选用。即便在一个项目中的不同阶段、不同团队都可能需要不同的过程。在前面已经介绍了RTC中项目区域和团队区域的概念，项目区域正如同我们真实世界中的项目组，而团队区域则代表着项目组中不同的开发团队，过程则体现在这两个层面之中。在介绍RTC如何表示过程之前，我们先阐述过程是如何在项目以及团队中发生作用的。

在RTC中，过程是在项目区域中定义的，并且可以在团队区域中做进一步的定制。实际上，项目区域可能包括许多团队区域，Jazz 允许实现团队区域的层次结构，每个团队可以通过添加和/或覆盖父团队的过程来自定义自己的过程。而且，项目的任何参与者都可以参与一个或多个团队区域。因此，默认的团队区域将继承父（可以是项目区域或父团队区域）的过程定义，但团队区域可以基于继承的父过程进行定制修改，并在允许的情况下覆盖父过程的指定内容。在实际执行过程中，每个用户都必须遵守他/她所参与团队的过程定义，受该过程的约束。

那么在RTC中，过程包含哪些要素，又是如何被表示出来的呢？

1. 过程要素 1

流程迭代（开发线与迭代）：流程迭代包含了开发线与迭代，说明了整个项目的宏观规划，也是软件开发过程的一个组成成分。

2. 过程要素 2

角色：即拥有特定行为模式的群体，在项目区域可以定义一组角色。角色定义可以通过XML表达，如图9.2所示。

```
<role-definitions>
  <role-definition role-id="development_teamlead" cardinality="single"
    description="Cloudburst Development Team Lead"/>
  <role-definition role-id="developer" cardinality="many"
    description="Cloudburst Release Developer"/>
</role-definitions>
```

图 9.2 项目区域中定义的两个示例角色。

3. 过程要素 3

过程操作、前提条件和后续操作分别介绍如下。

- ❑ 过程操作：依赖其他组件的过程支持，即该组件可执行的操作。

- ❑ 前提条件：前提条件在运行过程操作（例如交付代码）之前进行检查，并且可能阻止过程操作的执行。

- ❑ 后续操作在运行过程操作之后运行，并且可能做出附加的自动化更改。例如，在某个工作项已解决时，后续操作可以自动创建验证任务。

通过配置前提条件和后续操作，可以强制角色的行为。对于一个企业而言，不存在适用于所有项目或者所有项目阶段的单个过程。我们可以将过程有选择地应用于整个项目、特定团队及不同迭代过程中。通过指定前提条件，使用者可以配置强制执行过程的严格程度。Jazz 过程组件非常灵活，可以定义要检查哪些前提条件、何时检查这些前提条件及这些前提条件适用于何人。前提条件是使用 Eclipse 扩展点机制和 Java 代码来创建的。前提条件可以在 Jazz 服务器和 Jazz 客户端上执行。Jazz 附带了一个可供使用的前提条件集合。下面我们两个由Jazz 组件实现的过程示例来详细说明。

示例1：

工作项组件为工作项保存操作提供过程支持。针对工作项保存的前提条件之一是允许定义在保存工作项之前必须填写工作项中的哪些字段。如果某个必填字段不完整，则保存操作将停止，并在名为 Team Advisor 的视图中提供详细信息，如图9.3所示。

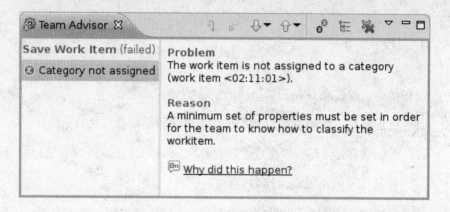

图 9.3　示例 1：Team Advisor - 工作项保存

示例2：

Jazz SCM 组件为其交付操作提供过程支持。在此组件中有交付操作功能，然而不严谨的交付会导致构建和运行时错误。为了防止提交具有编译错误的 Java 代码，Jazz提供了一个交付前提条件：如果交付其更改的项目中存在编译错误，则停止交付操作并通知用户。带有关于该交付问题详细信息的通知出现在 Team Advisor 视图中，如图9.4所示。

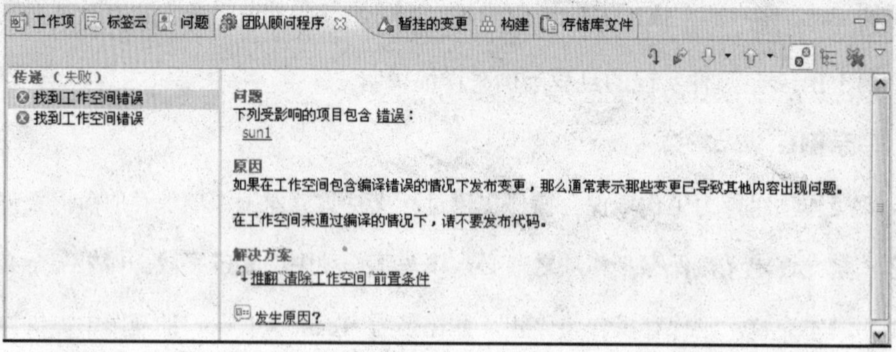

图 9.4　示例 2：Team Advisor - 代码交付失败

这只是两个示例。Jazz 扩展人员可以定义附加的前提条件。可在 Jazz 扩展人员定义的前提条件中实现的检查类型几乎不存在限制。常见的操作和前提条件有很多，例如禁止编译错误前提条件——建议团队成员不要交付具有变异错误的代码；禁止未使用的 import 前提条件——不要交付具有未使用的 import 语句的 Java 代码；在交付代码时要求关联工作项的前提条件——建议团队成员将某个工作项与每次代码交付相关联；工作项需要属性前提条件——建议团队成员在保存工作项之前完成其中的某些字段。

4. 过程要素 4

过程权限：Jazz 使用过程权限来限制角色的操作能力。

在前面的前提条件示例中，了解到了工作项保存和 SCM 交付是支持过程的操作示例。为了执行操作，用户必须拥有适当的权限。操作及其关联的权限是针对特定的角色进行配置的，权限是在具体操作级别上授予的。例如，通过在工作项保存操作上指定权限modify / any，可以将此操作配置为允许任何类型的修改。

由于过程规范代表项目和团队的"交通规则"，只有在团队流程组件具有细粒度的权限结构，以便能够将过程定义限制为负责管理过程的团队成员时，过程规范才有意义。你可能不希望团队中的所有人都能够修改项目区域或团队区域。否则，有人可能会搅乱你精心设计的过程，从而可能导致严重的项目破坏。过程组件的保存项目区域和保存团队区域操作也允许您定义此类权限限制。

下面是一些权限规范的示例。

如图9.5所示为工作项保存权限 "any"。

```
<team-configuration>
  <permissions>
   <role id="default">
     <operation id="com.ibm.team.workitem.operation.workitemSave">
       <action id="any"/>
     </operation>
   </role>
  </permissions>
```

图 9.5 工作项保存权限 "any"

以上示例允许任何人保存工作项。

如图9.6所示为SCM交付权限

```
<team-configuration>
   <permissions>
     <role id="contributor">
       <operation id="com.ibm.team.scm.server.deliver">
          <action id="any"/>
       </operation>
     </role>
     <role id="default">
       <operation id="com.ibm.team.scm.server.deliver">
       </operation>
     </role>
   </permissions>
```

图 9.6   CM 交付权限

此示例说明开发人员允许向Jazz SCM 交付内容，但是 default 用户则不允许。

5. 过程要素 5

工作流：

RTC中有一个核心元素，即工作项。工作项代表一个个任务，也意味着一次次的变更。工作项导致工件不断被开发完善出来，从而使得项目不断进展下去。从初始阶段的需求、开发阶段的任务、到测试阶段的缺陷，都是一个个工作项。每一种工作项都像一个生命体一样，从最初始被创建，通过不同角色的传递，最终完成历史使命，工作流就代表着工作项的生命周期。

工作流的合理与否决定了软件开发过程的质量与效率。一个科学的工作流会让工作项在部门和角色之间顺畅地流淌，传递着准确的信息，并最终产生预期的结果。而一个混乱的工作流则会导致工作混淆、过程颠倒。例如，对于缺陷而言，如果被开发人员自己创建、又不经过测试部门的测试和验证，那么这样的缺陷工作流没有任何存在的意义；相反，如果缺陷的流程包括由测试人员发现、项目经理分配、开发人员修改、测试人员验证等环节，则整个流程显得合情合理。

工作流主要包含下面几个方面。

❏ 转换矩阵：说明了工作流生命周期的主体，即构成流程的两大要素——动作和状态。通过一系列动作使得工作项到达不同的状态，最终形成完整的生命周期，如图9.7所示。

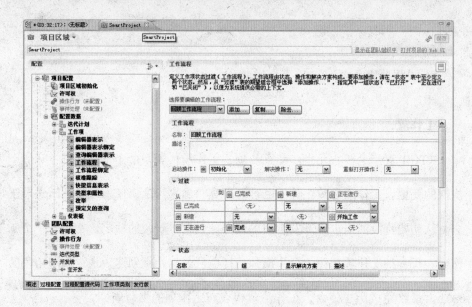

图 9.7 工作流状态矩阵

❑ 表单：即工作项显示的页面，如图9.8所示。

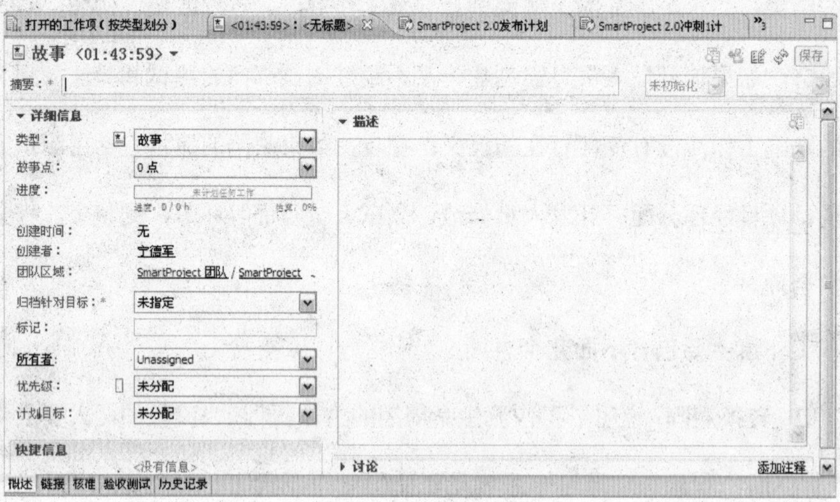

图 9.8 表单界面

❑　字段：即表单中的字段属性，用于描述工作项实体。

9.2.2　RTC 中过程改进介绍

基于上述的概念回顾，我们了解到通过RTC可以修改定义软件交付过程，从而更好地适应开发团队。在进行操作介绍之前我们简单地总结一下通过哪些配置实现过程的改进。

❑　项目区域的开发线和迭代。

❑　可以为特定的迭代自定义过程。活动过程是当前迭代中定义的过程加上从父迭代和开发线继承的任何过程配置。

❑　团队可以定义不同的角色，并且可以为每个角色配置不同的过程权限和行为。

❑　操作权限定义给定的角色允许执行什么操作。

❑　前提条件和后续操作，您可以配置项目区域的行为。

❑　定义工作流，修改工作流的状态、动作、表单和字段。

下面通过几个示例说明将以SmartProject公司为例介绍RTC中如何实现过程的优化定制。

9.2.3　操作介绍

SmartProject公司SmartProject项目组在收尾阶段的反省会议上根据经验教训提出了很多改进意见。我们选取几个作为范例来说明如何使用RTC进行过程优化。

1. 问题 1 描述

SmartProject团队发现在每次迭代的测试阶段，甚至是在后期的迭代过程中应该严格限制开发人员提交代码的权限。在这些阶段项目组最大的问题是测试出来的Bug修改之后重复出现，版本很容易混乱。而造成这个问题的原因是在测试阶段。测试人员尚未测试完成的时候，开发人员又不断地更新代码，导致测试人员无法找到稳定的基线进行代码测试。此时我们通过修改团队过程中的权限操作来实现。

过程修改如下：

（1）Scrum主管打开团队工件视图，选择所在的开发团队，打开其属性，如图9.9所示。

图9.9　过程配置界面

（2）选择许可权，如图 9.10 所示。

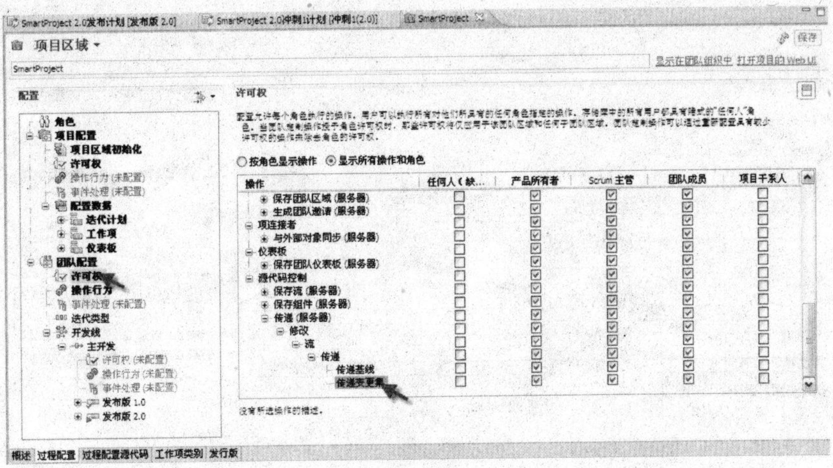

图 9.10　配置过程 1

（3）选择源码控制类别，找到传递变更集，根据需求将有些角色的权限去除，最后保存。

此时只有有权限的用户才能进行代码交付活动（deliver），其他角色该项操作被禁止，代码将严格地被控制，防止版本混乱。

2. 问题 2 描述

SmartProject 团队发现迭代的规划存在问题，迭代的时间长度需要进行适当的调整。

过程修改如下：

（1）管理员选择项目区域，打开。

（2）在过程迭代区域中修改迭代时间和数量，如图 9.11 所示。

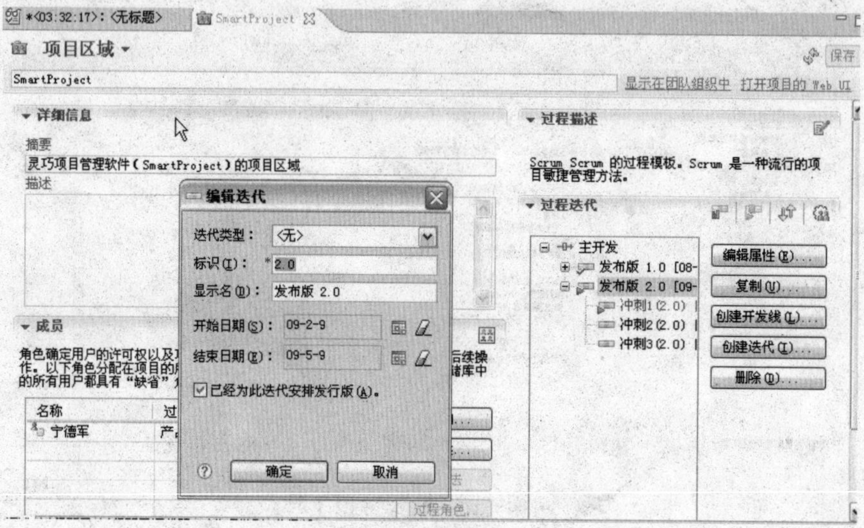

图 9.11　配置过程 2

3．问题 3 描述

在上次冲刺迭代中我们发现需求流程有些需要调整的地方，需要增加状态和动作，同时需求显示表单也需要进行调整。

过程修改如下：

（1）管理员选择项目区域，打开。

（2）选择过程配置。

（3）选择工作流，增加状态，增加动作，修改状态转换矩阵，如图 9.12 所示。

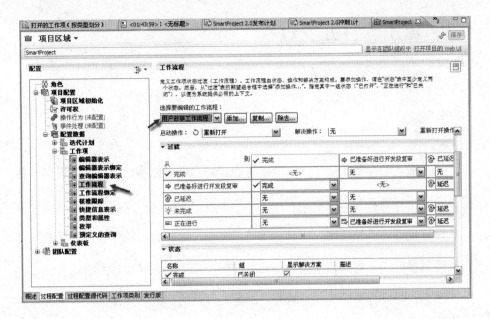

图 9.12　配置工作流

（4）选择编辑器表示修改表单显示界面，如图 9.13 所示。

图 9.13　配置表单

9.3 重用软件开发过程

1. 概述

一个成功的项目一定包含着劳动者经验的总结和提炼。我们可以看到，在很多企业项目成功完全依赖于人，一个有丰富经验的项目经理领导的成熟开发团队往往能够比较顺利地完成某些项目。然而，这些人员的经验和项目的成功无法得到推广，企业其他人员陷入到恶性循环之中，不仅项目无法正常交付，个人能力也始终得不到提高。另外，即便在成熟的团队中，往往某些主观因素就可以严重影响到项目的成败。核心人员的流失、主观能动性的下降、一些随意行为都会给企业造成巨大损失。完全依靠人的做法，即便在一个成熟团队中也存在着巨大风险。

如何面对这些挑战呢？答案就是重用。重用成功项目的经验，吸取失败的教训，逐步固化开发过程，是软件企业的生存之道，更是项目成功的必要保障。同时，重用是将最佳实践过程化、科学化、模板化，最终形成企业的标准和制度得以推广，让项目团队去学习、遵守、并不断提高。

RTC提供了强大的提炼能力，保障成功项目的经验和成果能够被吸收消化和传承下来。RTC可以将一个项目的过程形成模板，作为未来项目的模板，使项目成功经验得以复制和借鉴。任何一个类似的项目在创建之时就可以借鉴该模板，模板中的精髓也会继承到新的项目中去。

2. 操作介绍

在"团队工件"视图中，右击选择 SmartProject，在弹出的菜单中选择"创建过程模板"命令，填写必要的信息之后保存，如图 9.14 所示。

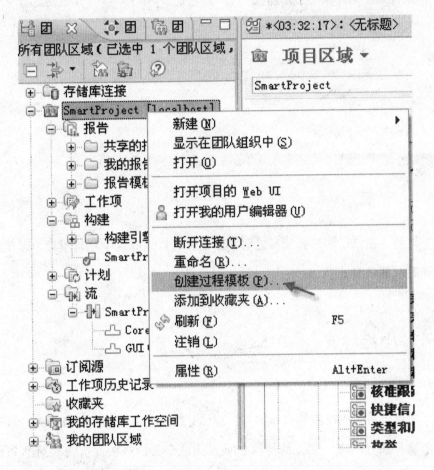

图 9.14　创建模板

系统会自动打开过程模板视图，可以查看所有的模板并加以修改，如图 9.15所示。

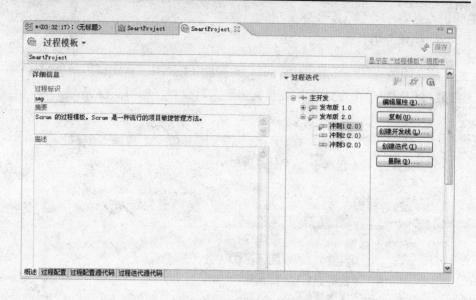

图 9.15　过程模板视图

　　这样，在日后创建新项目之时，创建者可以选择这个项目模板，以此为基础建立新项目。

9.4　小结

　　项目即将完成经验教训和知识的总结、提炼。传递却并没有结束。对于一个软件项目而言，太多的经验教训及团队个人的辛酸曲折需要总结和探讨。Scrum 方法强调了回顾的重要性，失去了回顾的项目组也失去了学习能力。本章介绍了如何使用 RTC 在项目进程中实现回顾活动，在项目收尾阶段，如何将项目过程中好的经验和不好的教训总结并提炼出来，加以改进，形成企业级别项目模板。模板是企业知识、管理方法的一种外在表现，企业通过模板将最佳实践固化下来，并为自身的过程改进打下了坚实的基础，帮助企业和开发团队在一个成熟的平台上一步步地走向成功。

本章知识点如下：

- ❑　迭代流程；
- ❑　角色；
- ❑　过程操作、前提条件和后续操作；
- ❑　过程角色；
- ❑　工作流；
- ❑　状态转换矩阵。

附录 A　软件开发过程的演进

软件开发过程本质上是为了能够更好地发挥团队协作的效率，确保团队能够在最短的时间内交付高质量的软件。过程本身应该是可度量、可重复的，它赋予我们复制团队能力的能力。基于这一软件开发过程的本源，不同的项目团队在选取软件开发过程时，必须遵守以下原则：

评估过程浪费，尽量避免浪费和不必要的管理成本。

在项目风险可接受范围内，尽量向左移，采用更敏捷的过程，如图 A.1 所示。

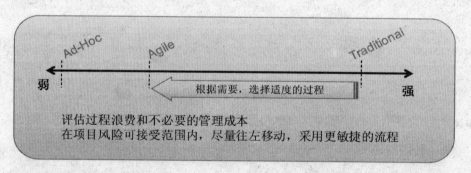

* Scott Ambler
http://www.ibm.com/developerworks/rational/library/edge/08/feb08/lines_barnes_holmes_ambler/?S_TACT=10
5AGX02&S_CMP=HP

图 A.1　软件开发过程的选择

如图 A.2 所示，软件开发过程强度的选择，主要应该考虑以下因素：

❑ 项目复杂度越高，则过程强度应该适当增强，以规避风险。

❑ 项目的法律法规的循规性要求高的情况下，应该适当提高过程强度。

❑ 项目的质量要求较高时，应该提供必要的过程强度，以确保过程质量。

❑ 在软件交付生命周期的前期，可适当放松过程强度，以增加团队的创造力；而在后期，则应适当强化过程，以提高团队的执行力。

❑ 项目的不确定性高时（包括范围、进度、成本要求等），应该采用更敏捷的过程，以增强对各种不确定性的处理和响应能力。

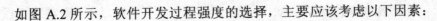

$$\text{合适的过程强度} \rightarrow \frac{(复杂度)(规范)(质量)}{(生命周期阶段)(项目不确定性因素)}$$

图 A.2　过程强度的决定因素

如图 A.2 所示，过程的强度和所交付的软件的复杂、循规性要求和质量要求成正比，而和项目距离发布的时间及项目的不确定性成反比。

在本质上，RUP、敏捷过程以及很多其他软件开发过程的核心思想都同出一脉。例如，几乎所有的敏捷方法都强调迭代式软件开发、每个迭代交付可运行的软件、持续集成、两级项目规划等。这些思想都是 RUP 中非常流行的最佳实践和方法。软件工程领域从 RUP 到很多敏捷开发方法不断演进的过程本身，正是软件工程方法本身为了适应加速变化的业务和市场环境，应对日益增加的不确定性项目环境，不断进化，不断发展，不断调整过程强调以适应软件交付团队需求的过程。

A.1　什么是 RUP

IBM Rational 一直领导着软件工程的最佳实践、软件交付方法和思想的发展和演进。Rational 统一过程（Rational Unified Process，RUP）作为业界事实上的软件开发过程标准，它不但包含了用于成功开发软件的一组基本理念和最佳实践，还详细说明了在整个软件交付生命周期中的每个环节的工作方法，包括需求管理方法、分析设计方法、测试方法、配置管理和项目管理方法等。同时，为了使整个团队能够有效地使用和推广最佳实践，RUP 为每个团队成员提供了必要的概念、指南、模板和工具指导。RUP 的核心特点是迭代式软件开发、风险驱动、用例驱动和以架构为核心的模型驱动开发。详细内容参见 http://www.ibm.com/developerworks/cn/rational/products/rup/。

如图 A.3 所示，Rational 统一开发过程用两个维度来表示。

- ❑ 横轴代表了开发的时间轴或迭代轴，体现了软件开发过程中阶段的定义和迭代的动态分布。它以术语生命周期（Lifecycle）、阶段（phase）、迭代（iteration）和里程碑（milestone）来表示。

- ❑ 纵轴代表了开发的过程轴或规程轴，包含了对软件开发过程中每个工作规程的详细描述。它用术语规程（Discipline）、工作流（Workflow）、角色（Role）、活动（Activity）和工件（Artifacts）来描述。

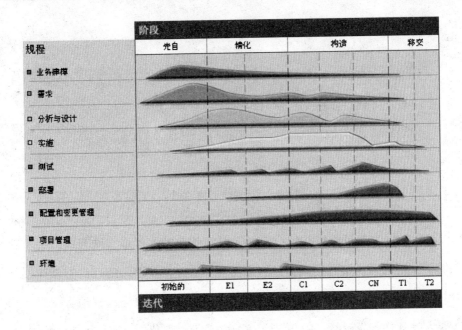

图 A.3　RUP 全景图

　　2005 年，Rational 发布了 Rational Method Composer（RMC）这一全新的过程定义、配置和发布平台，它赋予了 RUP 以全新的生命力。RMC 提供了可重用的、统一的方法架构和定义语言，同时整合了 RUP 和更多的业界标准、成功经验和方法论（以过程组件的方式存在方法库中），使企业能够基于 RUP 和其他业界最佳实践，快速定义、配置和发布自己的软件开发过程和其他管理过程，实现了开发过程的可重用、可配置和可适应。基于 RMC，每个企业都能够基于自己的最佳实践生成过程服务组件，将其存入企业的最佳实践方法库。基于企业最佳实践方法库和 RMC 内置的方法库，使用 RMC 的过程定义、定制和发布能力，企业能够快速打造出适合各种项目和开发团队的软件开发过程，无论是敏捷开发过程或者是迭代的软件开发过程，如图 A.4 所示。

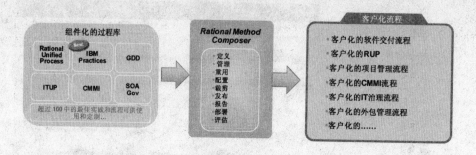

图 A.4 组织过程库和 RMC

RMC 的主要创新和贡献一方面在于它基于国际标准方法架构，为企业提供了一种将最佳实践定义为过程服务组件，并将其存入统一的方法库的能力；另一方面在于它使企业基于最佳实践服务组件，快速搭建适合项目和团队要求的软件开发过程。RUP 正是 RMC 基于组件化的最佳实践库生成的软件开发过程的一个实例.自从 Rational 推出了 RMC 以后，RUP 一直作为 RMC 软件开发最佳实践库的一个发布实例，包含在 RMC 软件中并同其一起发布。

A.2 什么是 OpenUP

开放统一过程（Open Unified Process，OpenUP）是 RUP 迈向敏捷的第一步，它可以理解成 RUP 的敏捷化版本。它在结构化的生命周期中采用迭代和增量的方法。OpenUP 强调实效和敏捷的哲学，将关注重点放在软件开发的协作本性上面。它是一种不受工具约束，摒弃形式化部分，强调可以根据项目需要扩展的开发过程。

　　OpenUP 是极为敏捷、轻量级的开发过程，它所针对的是对敏捷开发和迭代开发感兴趣的、规模较小的协作型团队。OpenUP 是 Eclipse 过程框架（Eclipse Process Framework，EPF）的一部分，是 Eclipse 开源组织开发的一个开源过程框架。它所提供的最佳实践都来自于具有多种不同软件开发思想的项目带头人，以及那些能够满足各种开发需求的著名软件开发团体。OpenUP 也是一个最小化的、完整的、可扩展的过程，其目标是在为小团队提供最小化的、能够切实带来价值过程的同时，能够根据各种团队的需要进行扩展。它强调的最佳实践包括迭代式软件开发、整体团队协作、持续集成和测试、持续交付可运行的软件、拥抱变更等。如图 A.5 所示是 OpenUP 的全景图。

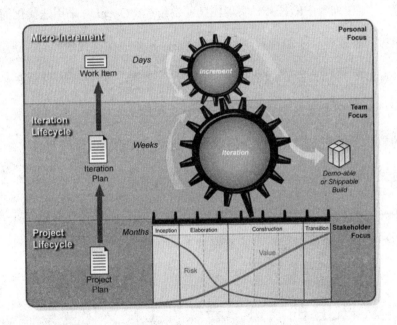

图 A.5　OpenUP 的全景图

　　在 OpenUP 项目中，每个团队成员的贡献被组织放在微增量（Micro-Increment）之中，它们代表了可以产生稳定的、可度量的项目进度的工作单元（典型的是以小时数或者天数作为衡量标准）。在整个自组织团队增量开发系统的过程中，OpenUP 会更加强化团队的协作。这些微增量提供了更短的反馈回路，使得在每一个迭代过程中都能够做出适当的决定。

OpenUP 将项目划分为有计划的、有时限的迭代，通常以周为单位。迭代使团队更注重以一种可预见的方式增量地向利益干系人交付价值。迭代计划定义了哪些工作应该在该迭代周期内完成。迭代结果应该是一个可以演示的构建发布结果。OpenUP 围绕着如何实现迭代目标以及交付结果，通过不断定义和"牵引"工作项列表中的任务，实现团队的自组织。OpenUP 采用迭代化的生命周期框架，持续地基于微增量交付构建发布，逐步地向迭代的目标前进。

OpenUP 将项目生命周期分为四个阶段：起始、精化、构建和产品化。每个阶段包含一个或多个迭代周期。每个迭代周期实现若干的工作项，产生指定的软件功能增量。项目生命周期为利益干系人和团队成员提供了项目过程的可见性和决策点，帮助我们将复杂的事情简单化，简单的事情专业化，专业化的事情模式化，模式化的事情量化。这有助于我们更有效地管理项目，允许我们在适当的时间做出"是否继续"的决策。

A.3 从 RUP 的演进，看软件工程文化变革

RUP 的演进包含两个方面，一个是 RUP 包含的最佳实践的演进；另一个则是 RUP 的内涵向敏捷方向的演进。

A.3.1　最佳实践的演进

RUP 中的"最佳实践"之所以著名，不仅因为企业可以精确地度量它们的价值，而且它们还被许多机构普遍地运用，证明了成功的。在 2005 年以前，RUP 中的六个最佳实践是：

- ❑　迭代的开发软件；
- ❑　需求管理；
- ❑　基于构件的体系结构；
- ❑　可视化建模；
- ❑　持续验证软件质量；
- ❑　控制变更。

而在 2005 年底推出的 RUP 7.0 中，RUP 开始倾向于向业务驱动的软件开发过程演进，而其中包含的最基本的六个最佳实践也演变为：

- ❑　适度的过程；
- ❑　平衡利益干系人优先级；
- ❑　跨团队协作；
- ❑　迭代地演示价值；
- ❑　提升抽象级别；
- ❑　持续关注质量。

RUP 中最佳实践的演进如图 A.6 所示。

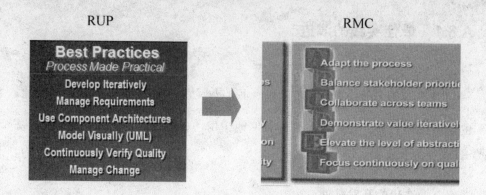

图 A.6　RUP 中最佳实践的演进

从最佳实践的演进过程，我们不难分析得出以下几点软件工程领域的演进趋势：

更适度的过程：基于项目的独特性和渐进明细的特点，可以说没有任何一个过程，能够适应企业内容的所有软件开发项目的要求。因此企业需要的是一个软件开发过程的家族，而不仅仅是一个过程。因此，适度的过程，就是指能够根据具体项目或企业要求，方便地进行量身定制的过程，并且能够根据项目特点、所处阶段和业务环节，确定或调整具体过程的控制强度。RMC的出现很好地为企业解决了这一难题。

更加关注交付业务价值：平衡利益干系人优先级阐明了在当前业务快速发展和变革的竞争环境中，根据业务和项目干系人需求的优先级，快速调整软件交付和资产重用策略，从而有效优地化业务价值；迭代地演示价值则是面向快速变化的业务环节，通过迭代的软件开发和增量地展示交付结果的业务价值，及时获取反馈、拥抱变更、获取及早降低风险，增加项目的可预测性的能力，同时有助于建立客户、最终用户和软件交付团队等利益干系人间的相互信任。

关注团队协作：软件是由才华横溢、积极的软件开发人员通过紧密协作创造出来的。许多复杂的系统要求一些具有不同技能的项目利益干系人进行协作，而大型项目通常会跨越地理和时间的界限，从而进一步增加了开发过程的复杂性。这就是为什么人员问题和协作（一些人称之为软件开发的"软"元素）会成为敏捷开发团队的主要侧重点。有效协作的第一步是激励团队中的个人做到最好。自我管理团队的概念已在敏捷团体中得到普及；它的基础是使团队答应负责所应交付的成果，将相应权限也提供给该团队。当人们意识到真正负责最终结果时，会更主动地去保质完成工作。如敏捷声明所陈述的："为受到激励的人员构建项目。为他们创造环境，支持他们的需要并相信他们能完成工作。" 第二步是鼓励跨职能协作。如 Walker Royce 所说的"软件开发是一项团队工作。"迭代方法更需要团队密切配合工作。我们要打碎分析人员、开发人员和测试员之间通常存在的壁垒，拓宽这些角色的职责，以确保在快速变化的环境中进行有效协作。每个成员都需要了解任务和项目远景。在团队壮大时，我们要提供有效的协作环境。这些环境使度量值收集和状态报告变得便利和自动化，并使围绕着配置管理的构建管理和日志自动化。这种自动化可帮助减少沟通会议，使团队成员将更多时间用在具有更高生产率和创造性的活动上。这些环境还应通过简化交流、使处于不同地区和时区的团队成员能够沟通，以此达到更有效的协作。

关注质量：这是在最佳实践演进过程中始终不变的部分，它体现了竞争环境中质量作为第一生命线的重要性。持续地关注质量强调，要实现质量，就必须在整个项目生命周期中关注质量。特别采用了迭代过程来实现质量，因为它提供了许多评估及修正的机会。改善质量不是简单的"满足需求"或生产出满足用户需要和期望的产品。质量还包括确定用于证明实现质量的度量和标准，以及实施一个过程以确保产品已达到所期望的质量水平并可重复和管理。确保高质量需要的不仅是测试团队的参与，它还要求整个团结负责质量，涉及了所有团队成员及生命周期的所有部分。

A.3.2　RUP 向敏捷的演进

在 2008 年 IBM Rational 推出的 RMC 7.5 版本中，同步推出了 IBM 敏捷过程的最佳实践和 IBM 大规模敏捷（Agile@Scale）过程的最佳实践，如图 A.7 所示。其中，明确指出了迭代式软件开发、两级项目规划、整体团队协作和持续集成作为敏捷过程的核心最佳实践，并对每一个最佳实践进行了详细的阐述。

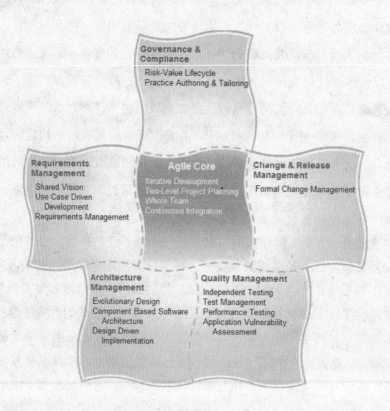

图 A.7　大规模的敏捷开发实践

通过 IBM 敏捷最佳实践和大规模敏捷最佳实践的推出，我们不难看出，原来的 Rational Unified Process 已然发展成为今天包容各种软件开发过程最佳实践的过程族，灵活且方便定制。同时，在敏捷开发最佳实践中我们很容易看到昔日 RUP 的核心思想：迭代式软件开发、两级项目规划和持续集成的影子。而且在解决今天敏捷开发过程中存在的问题方面，RUP 依然有着无法忽视的价值。

当今，敏捷开发过程的问题主要体现在以下两点：

❑　敏捷过程趋向于一个一个不停地迭代，看不到项目的终点。

❑　敏捷过程趋向于较少的关注架构。

这在组织大规模推广敏捷过程时，必然会带来很多麻烦。而在这方面，RUP 的风险驱动的生命周期管理和以架构为核心的最佳实践，会对在组织级推广敏捷过程时，提供完美的解决方案。怪不得敏捷开发大师 Scott Ambler 会说：RUP 实施的好，就是敏捷的过程；而敏捷过程实施的好，就是 RUP。

RUP 以其完整的软件开发过程和过程中每个环节具体工作方法、最佳实践的定义，奠定了软件工程方法和思想基础，它培养了整整一代软件工程从业人员。今天随着敏捷开发过程的出现和成熟，Rational 已经完成了由传统的 RUP 向今天合适的软件开发过程的演进，赋予 RUP 以新的内涵和能力。因此，由 RUP 发展而成的 RMC 最佳实践库是整个软件工程领域（IBM 和整个软件工程社区）最佳实践的结晶，它既包含传统的软件开发过程，也包含业界最新的敏捷开发和大规模敏捷开发的最佳实践。它更像是一个能够满足不同企业、不同规模项目要求的软件开发过程的过程族，丰富而不死版，默默贡献却又不拘一格。

附录 B 术语表

（按拼音顺序排列）

1. IBM Rational Team Concert （RTC）

IBM Rational Team Concert是IBM推出的第一个基于Jazz的商用产品，它包含了Jazz基础平台的所有功能，并增加了对软件配置管理、构建管理、工作项管理（包括计划、需求、缺陷等）和报告的支持，为开发团队提供了实时的团队协作、自动化的任务和工件流转、建立全生命周期的可追踪性等功能。

2. Jazz

Jazz是在2008年初IBM正式推出的软件交付的基础平台，它的推出标志着软件交付进入了2.0时代。它基于开放的国际标准，通过社区驱动的商业软件开发模式，创造一个开放、可扩展、高效的协作开发平台，它能够帮助企业快速打造软件交付2.0平台。

3. Jazz 整合架构（Jazz Integration Architecture，JIA）

Jazz整合架构实现了比OSLC更高层次的整合能力，各个参与整合的工具能够以插件的形式集成到一个中间件上，实现更为有流畅的集成效果。它由参考架构、API规格说明、一组公共服务和工具构造块组成。Jazz Team Server是Jazz整合架构的中心。

4. Jazz 团队服务器（Jazz Team Server）

Jazz团队服务器是Jazz整合架构的核心。它提供了Jazz基础服务（Jazz Foundation Services），使不同工具能够集成并工作在一起。这些服务包括用户和项目管理、安全、协作、查询和其他公共的跨工具能力。

5. Scrum

Scrum是一种迭代式、增量式的敏捷项目管理方法。术语Scrum来源于橄榄球活动，在英文中的意思是橄榄球里的争球。它包括了一系列实践和预定义角色的过程框架。其核心的最佳实践包括：迭代式开发、整体团队协作、持续集成、两层项目规划等。

6. 本地工作空间（Local Workspace）

本地工作空间是团队成员PC文件系统的本地目录。对于Eclipse客户端环境，本地工作空间就是Eclipse的工作空间。

7. 变更集（Change Set）

每个变更集描述了对文件或目录个体内容进行变更（例如删除、改名、转移等操作）的具体情况。一个小的变更集可能只修改了一个文件的某几行；一个大的变更集则可能包含对多个文件内容的变更、对文件名的变更、目录名或内容的变更等。变更集包含了变更内容、变更原因、变更时间等信息，是一个原子的变更单元。

8. 存储库（Repository）

存储库是Jazz平台上的中心数据库，它是Jazz平台上各种工具（包括IBM Rational Team Concert等）的公共存储空间。软件交付周期中所有数据都存放在存储库中，数据之间有着紧密的追踪关联。每个Jazz平台通常只有一个存储库，存储库包含一个或多个项目。

9. 存储库工作空间（Repository Workspace）

流中的数据与元数据不能直接被修改，开发人员需要使用自己的存储库工作空间来修改流的内容。存储库工作空间在创建时，会自动复制当前流上的全部内容；当存储库工作空间的变更完成后，再提交产生的变更集到对应的流上。储库工作空间存放在存储库上，真正变更文件内容前，还需要把它的内容下载到本地工作空间。

10. 产品订单（Product Backlog）

产品订单是整个项目的需求清单，由众多已排出优先级的用户需求（用户故事）构成，包括功能和非功能性需求及其他假设和约束条件。需求清单是动态的，随着产品及其使用环境的变化而变化（新增或删除等）。

11. 迭代规划（Iteration Planning）

迭代规划是Scrum敏捷项目规划的两层规划的第二层规划，是对一次迭代

（冲刺）的计划。其结果是确定包含一次迭代中具体任务的冲刺订单。迭代规划通常跨度一般为1个月的时间，其主要目标是对在粒度较粗的用户故事进行细化，分解为可控制、可估算、可分配的任务。

12. 冲刺（Sprint）

采用Scrum的软件开发中，项目完整生命周期被划分为多个小的迭代（每个周期大约为4周），一个迭代就是一个冲刺。每个冲刺都有自己的开发目标和工作列表，冲刺结束时将会产生一个可供评估的可执行软件版本（构建）。

13. 冲刺订单（Sprint Backlog）

冲刺订单用来定义一个冲刺中的工作或任务列表，它定义团队在冲刺中的任务清单。冲刺订单在冲刺规划会议中形成。任务被分解为以小时为单位，没有任务可以超过16个小时。如果一个任务超过16个小时，那么它就应该被进一步分解。

14. 发布规划（Release Planning）

发布规划是Scrum敏捷项目规划的两层规划的第一层规划，面向整个项目产品交付。其结果是产生产品订单，它明确哪些故事应该被包含在当前的发布中实现，何时实现。

15. 构建（Build）

构建是一个自动化的过程，用于编译、打包和测试团队的工作结果，即软件产品。一个团队通常有几种构建类型：持续构建、集成构建、个人构建等。

16. 构建定义（Build Definition）

构建定义定义了一种类型的构建，它指定了从哪里获取源代码参与构建，执行什么样的构建脚本，什么时间定期执行，在哪台构建引擎上运行等。

17. 构建引擎（Build Engine）

构建引擎包含两种含义：一是指运行在某个构建服务上具体执行构建任务的构建进程；二是指构建引擎物理进程的逻辑定义。

18. 构建请求（Build Request）

构建请求代表运行一次构建的请求。它指定了具体使用的构建定义，可能还为构建定义重新设置了其他参数、属性值。例如，重新设置存储库工作空间参数值，从而实现使用某个构建定义来完成个人构建的请求。

19. 构建脚本（Build Script）

构建脚本描述了构建过程包含哪些步骤、任务，并反馈构建进度和构建结果等信息；在Java开发项目中，通常采用Ant构建脚本（build.xml）来定义具体的构建过程。

20. 构建结果（Build Result）

构建结果代表构建输出。包括：可以下载的构建工件如可执行文件、编译器输出日志信息、测试结果和日志等。当一个构建请求开始处理时，可以通过视图实时刷新和查看正在进行的构建结果。

21. 过程（Process）

过程是一系列角色、规则和指引的集合，它用于组织和控制工作流程。项目的过程在项目区域中定义，可以在它包含的团队中进一步定制。

22. 工作项类别（Work Item Category）

一个典型的项目中会包含许许多多的工作项（如需求、变更、缺陷等类型），不同的工作项可能由不同的团队进行管理。为了简化工作项的管理，需要把工作项分配到不同的团队中，每个团队只需关注属于自己的工作项列表。工作项类别从团队角度对工作项进行了类型定义。

23. 基线（Baseline）

基线代表的是某个组件在某个时间点上有关它的配置的一份完整状态说明。一个组件的变更历史中包含了一条或多条基线，可以理解为基线就是组件的"版本"。

24. 快照（Snapshot）

快照代表的是某条流或者某个存储库工作空间在某个时间点上有关它的配置的一份完整状态说明。它标记了它所有关联组件的基线（每个组件一条基线）。可以理解为快照就是存储库工作空间或流的"版本"。

25. 开发线（Development Line）

开发线把项目开发力量根据不同的项目目标（如开发新版本、维护旧版本、未来产品研究等）分成多个独立的组，每个组就是一条开发线，从而有效提高项目开发的并行度。

26. 开放的生命周期协作服务（OSLC）

开放的生命周期协作服务是Jazz平台包含的一个接口规范，其目标是简化软件交付生命周期中工具之间的协作。它使得开发团队能够使用来自不同厂商（IBM、其他厂商甚至是开源项目）的不同工具，并且能够进行资源共享。这是一个开放的标准，鼓励业界所有厂商参与。

27. 流（Stream）

流是团队共享的开发区域，通常项目中每个小团队都对应有自己的流，存放着该团队成员各自开发后的最终合并结果。根据不同团队的开发任务，流会关联不同的组件。流具有将多个组件组装成产品的大模块、子系统直至系统的功能。

28. 敏捷开发（Agile Development）

敏捷开发是一种迭代的、增量式的方法。它通过团队高度协作、自我管理的方式来开发，强调适度的流程，要求经常产生出高质量的软件，并能够快速满足干系人的需求变更。业界有多种敏捷开发方法的流派，如Scrum，OpenUP等。

29. 软件交付 2.0（Software Delivery 2.0）

软件交付2.0是在全球化的发展趋势和Web 2.0技术广泛应用的背景下，软件工程发展历程中出现的新的开发模式。它的核心理念是以人为本,强调团队的智慧、协作的力量。它带来更高的软件交付自动化水平,使开发流程执行具有更高的自动化程度。另外,它使软件的开发与交付的开发过程更加透明,提供有效项目管控所需要的洞察能力。

30. 燃尽图(Burndown Chart)

燃尽图是Scrum中一种非常重要的管理图表,纵轴代表剩余工作量,横轴代表时间。它显示当前冲刺中随时间变化而变化的剩余工作量。剩余工作量趋势线与横轴之间的交集表示在那个时间点最可能的工作完成量。它展示了项目实际进度与计划之间的对比。

31. 事件(Events)

事件指的是在软件交付过程中因变更产生的通知,例如每个人加入项目的通知、修改代码的通知、创建任务的通知等。事件通知功能是一个完整的信息实时通知手段,在开发过程中的任何变更都会及时的通知到整个团队。

32. 团队区域(Team Area)

一个项目可以包含多个团队,这些团队构成了由大团队包含小团队的层次组织结构。团队区域就是描述团队的对象,它管理着团队成员、角色和团队的各种工件。

33. 项目区域(Project Area)

Jazz存储库的数据对象是以项目进行组织与划分的,项目区域就是描述项目的对象。它定义了项目的团队组织结构、过程、项目与迭代计划、各种工件等。

34. 用户故事（User Story）

用户故事是从系统用户或者客户的角度出发对功能的一段简要描述。每一个用户故事都是一个可分配、可估算、可管理的需求单位，它从用户如何使用系统的角度来表达用户需求。

35. 仪表盘（Dashboard）

仪表盘能让项目所有干系人都能够实时地从整体上了解项目健康状况、团队或成员的工作进展情况，提升项目各方面信息的透明度。它由不同类型数据统计的小视图构成，它们可以是查询、报表甚至是订阅的Feeds等。仪表盘有3种类型，即项目仪表盘、团队仪表盘和个人仪表盘。

36. 组件（Component）

组件是一组相关文件或目录的集合，每个文件或目录都是版本化的。一个组件可能对应着某个产品的一个功能模块，或者是一组同类型文件（如源代码、文档等）集合。

37. 增量（Increment）

增量是 Scrum 团队在每个冲刺周期内完成的、可交付的产品功能增量。它是经过测试的可运行软件版本，可提供给用户评估，也是潜在可以发布的版本。